广西农作物种质资源

丛书主编　邓国富

食用菌卷

郎　宁　祁亮亮　陈雪凤　等　编著

科学出版社

北　京

内 容 简 介

在广西创新驱动发展专项"广西农作物种质资源收集鉴定与保存"的支持下,作者团队对部分综合性状优良、栽培范围较广的食用菌品种及野生食用菌种质资源进行了鉴定、分析与评价。基于上述调查和鉴定评价编写本书,本书共三章,分别介绍了广西食用菌种质资源概况、栽培食用菌种质资源、野生食用菌种质资源,图文并茂,详细描述了每份种质资源的采集信息、生物学特性、栽培性状等。

本书主要面向从事食用菌种质资源保护、保育、研究和利用的科技工作者,以及大专院校师生、农业管理部门工作者、食用菌栽培和加工人员等,旨在提供广西食用菌种质资源的有关信息,促进食用菌种质资源的有效保护和可持续利用。

图书在版编目(CIP)数据

广西农作物种质资源. 食用菌卷 / 郎宁等编著. —北京:科学出版社,2020.6

ISBN 978-7-03-065021-4

Ⅰ. ①广… Ⅱ. ①郎… Ⅲ. ①食用菌-种质资源-广西 Ⅳ. ① S32

中国版本图书馆 CIP 数据核字(2020)第 074845 号

责任编辑:陈 新 李 迪 田明霞 / 责任校对:郑金红
责任印制:肖 兴 / 封面设计:金舵手世纪

科学出版社 出版

北京东黄城根北街16号
邮政编码:100717
http://www.sciencep.com

北京九天鸿程印刷有限责任公司 印刷

科学出版社发行 各地新华书店经销

*

2020 年 6 月第 一 版 开本:787×1092 1/16
2020 年 6 月第一次印刷 印张:12
字数:285 000

定价:210.00 元
(如有印装质量问题,我社负责调换)

"广西农作物种质资源"丛书编委会

主 编
邓国富

副主编
李丹婷　刘开强　车江旅

编 委
（以姓氏笔画为序）

卜朝阳	韦　弟	韦绍龙	韦荣福	车江旅	邓　彪
邓杰玲	邓国富	邓铁军	甘桂云	叶建强	史卫东
尧金燕	刘开强	刘文君	刘业强	闫海霞	江禹奉
祁亮亮	严华兵	李丹婷	李冬波	李秀玲	李经成
李春牛	李博胤	杨翠芳	吴小建	吴建明	何芳练
张　力	张自斌	张宗琼	张保青	陈天渊	陈文杰
陈东奎	陈怀珠	陈振东	陈雪凤	陈燕华	罗高玲
罗瑞鸿	周　珊	周生茂	周灵芝	郎　宁	赵　坤
钟瑞春	段维兴	贺梁琼	夏秀忠	徐志健	唐荣华
黄　羽	黄咏梅	曹　升	望飞勇	梁　江	梁云涛
彭宏祥	董伟清	韩柱强	覃兰秋	覃初贤	覃欣广
程伟东	曾　宇	曾艳华	曾维英	谢和霞	廖惠红
樊吴静	黎　炎				

审 校
邓国富　李丹婷　刘开强

本书编著者名单

主要编著者
郎　宁　祁亮亮　陈雪凤　吴小建

其他编著者
叶建强　吴圣进　韦仕岩　蓝桃菊
李俐颖　韩美丽　陈丽新　黄卓忠
唐　军　王灿琴　陈振妮　霍秀娟
梁志强　陆荣生　苏启臣　晨　晓

Foreword 丛 书 序

农作物种质资源是农业科技原始创新、现代种业发展的物质基础，是保障粮食安全、建设生态文明、支撑农业可持续发展的战略性资源。近年来，随着自然环境、种植业结构和土地经营方式等的变化，大量地方品种迅速消失，作物野生近缘植物资源急剧减少。因此，农业部（现称农业农村部）于2015年启动了"第三次全国农作物种质资源普查与收集行动"，以查清我国农作物种质资源本底，并开展种质资源的抢救性收集。

广西壮族自治区（后简称广西）是首批启动"第三次全国农作物种质资源普查与收集行动"的省（区、市）之一，完成了75个县（市）农作物种质资源的全面普查，以及22个县（市、区）农作物种质资源的系统调查和抢救性收集，基本查清了广西农作物种质资源的基本情况，结合广西创新驱动发展专项"广西农作物种质资源收集鉴定与保存"，收集各类农作物种质资源2万余份，开展了系统的鉴定评价，筛选出一批优异的农作物种质资源，进一步丰富了我国农作物种质资源的战略储备。

在此基础上，广西农业科学院系统梳理和总结了广西农作物种质资源工作，组织全院科技人员编撰了"广西农作物种质资源"丛书。丛书详细介绍了广西农作物种质资源的基本情况、优异资源及创新利用等情况，是广西开展"第三次全国农作物种质资源普查与收集行动"和实施广西创新驱动发展专项"广西农作物种质资源收集鉴定与保存"的重要成果，对于更好地保护与利用广西的农作物种质资源具有重要意义。

值此丛书脱稿之际，作此序，表示祝贺，希望广西进一步加强农作物种质资源保护，深入推动种质资源共享利用，为广西现代种业发展和乡村振兴做出更大的贡献。

中国工程院院士 刘 旭

2019 年 9 月

Preface 丛书前言

广西地处我国南疆，属亚热带季风气候区，雨水丰沛，光照充足，自然条件优越，生物多样性水平居全国前列，其生物资源具有数量多、分布广、特异性突出等特点，是水稻、玉米、甘蔗、大豆、热带果树、蔬菜、食用菌、花卉等种质资源的重要分布地和区域多样性中心。

为全面、系统地保护优异的农作物种质资源，广西积极开展农作物种质资源普查与收集工作。在国家有关部门的统筹安排下，广西先后于1955～1958年、1983～1985年、2015～2019年开展了第一次、第二次、第三次全国农作物种质资源普查与收集行动，还于1978～1980年、1991～1995年、2008～2010年分别开展了广西野生稻、桂西山区、沿海地区等单一作物或区域性的农作物种质资源考察与收集行动。

广西农业科学院是广西农作物种质资源收集、保护与创新利用工作的牵头单位，种质资源收集与保存工作成效显著，为国家农作物种质资源的保护和创新利用做出了重要贡献。经过一代又一代种质资源科技工作者的不懈努力，全院目前拥有野生稻、花生等国家种质资源圃2个，甘蔗、龙眼、荔枝、淮山、火龙果、番石榴、杨桃等省部级种质资源圃7个，保存农作物种质资源及相关材料8万余份，其中野生稻种质资源约占全国保存总量的1/2、栽培稻种质资源约占全国保存总量的1/6、甘蔗种质资源约占全国保存总量的1/2、糯玉米种质资源约占全国保存总量的1/3。通过创新利用这些珍贵的种质资源，广西农业科学院创制了一批在科研、生产上发挥了巨大作用的新材料、新品种，例如：利用广西农家品种"矮仔占"培育了第一个以杂交育种方法育成的矮秆水稻品种，引发了水稻的第一次绿色革命——矮秆育种；广西选育的桂99是我国第一个利用广西田东普通野生稻育成的恢复系，是国内应用面积最大的水稻恢复系之一；创制了广西首个被农业部列为玉米生产主导品种的桂单0810、广西第一个通过国家审定的糯玉米品种——桂糯518，桂糯518现已成为广西乃至我国糯玉米育种史上的标志性品种；利用收集引进的资源还创制了我国种植比例和累计推广面积最大的自育甘蔗品种——桂糖11号、桂糖42号（当前种植面积最大）；培育了一大批深受市场欢迎的水果、蔬菜特色品种，从钦州荔枝实生资源中选育出了我国第一个国审荔枝新品种——贵妃红，利用梧州青皮冬瓜、北海粉皮冬瓜等育成了"桂蔬"系列黑皮冬瓜（在华南地区市场占有率达60%以上）。1981年建成的广西农业科学院种质资源库是我国第一座现代化农作物种质资源库，是广西乃至我国农作物种质资源保护和创新利用的重要平台。这些珍贵的种质资源和重要的种质创新平台为推动我国种质创新、提高生物育种效率发挥了重要作用。

广西是2015年首批启动"第三次全国农作物种质资源普查与收集行动"的4个省（区、市）之一，圆满完成了75个县（市）主要农作物种质资源的普查征集，全面完成了22个县（市、区）农作物种质资源的系统调查和抢救性收集。在此基础上，广西壮族自治区人民政府于2017年启动广西创新驱动发展专项"广西农作物种质资源收集鉴定与保存"（桂科AA17204045），首次实现广西农作物种质资源收集区域、收集种类和生态类型的3个全覆盖，是广西目前最全面、最系统、最深入的农作物种质资源收集与保护行动。通过普查行动和专项的实施，广西农业科学院收集水稻、玉米、甘蔗、大豆、果树、蔬菜、食用菌、花卉等涵盖22科51属80种的种质资源2万余份，发现了1个兰花新种和3个兰花新记录种，明确了贵州地宝兰、华东葡萄、灌阳野生大豆、弄岗野生龙眼等新的分布区，这些资源对研究物种起源与进化具有重要意义，为种质资源的挖掘利用和新材料、新品种的精准创制奠定了坚实的基础。

为系统梳理"第三次全国农作物种质资源普查与收集行动"和"广西农作物种质资源收集鉴定与保存"的项目成果，全面总结广西农作物种质资源收集、鉴定和评价工作，为种质资源创新和农作物育种工作者提供翔实的优异农作物种质资源基础信息，推动农作物种质资源的收集保护和共享利用，广西农业科学院组织全院20个专业研究所200余名专家编写了"广西农作物种质资源"丛书。丛书全套共12卷，分别是《水稻卷》《玉米卷》《甘蔗卷》《果树卷》《蔬菜卷》《花生卷》《大豆卷》《薯类作物卷》《杂粮卷》《食用豆类作物卷》《花卉卷》《食用菌卷》。丛书系统总结了广西农业科学院在农作物种质资源收集、保存、鉴定和评价等方面的工作，分别概述了水稻、玉米、甘蔗等广西主要农作物种质资源的分布、类型、特色、演变规律等，图文并茂地展示了主要农作物种质资源，并详细描述了它们的采集地、主要特征特性、优异性状及利用价值，是一套综合性的种质资源图书。

在种质资源收集、鉴定、入库和丛书编撰过程中，农业农村部特别是中国农业科学院等单位领导和专家给予了大力支持和指导。丛书出版得到了"第三次全国农作物种质资源普查与收集行动"和"广西农作物种质资源收集鉴定与保存"的经费支持。中国工程院院士、著名植物种质资源学家刘旭先生还专门为丛书作序。在此，一并致以诚挚的谢意。

广西农业科学院院长

2019年9月

Contents 目 录

第一章　广西食用菌种质资源概况……1

第一节　食用菌与真菌的关系……2
第二节　广西栽培食用菌种质资源……4
第三节　广西野生食用菌种质资源……6

第二章　广西栽培食用菌种质资源……11

第一节　平菇……12
第二节　香菇……45
第三节　木耳……49
第四节　珍稀类……63
第五节　灵芝……90
第六节　其他……96

第三章　广西野生食用菌种质资源……107

第一节　子囊菌类食用菌……108
第二节　担子菌类食用菌……117

参考文献……173
中文名索引……175
拉丁名索引……178

第一章
广西食用菌种质资源概况

广西地跨北热带、南亚热带与中亚热带，属亚热带季风气候区，热量丰富，雨量充沛，年平均气温21.1℃，年平均降水量1835mm。广西优越的气候条件孕育着种类众多的食用菌资源。同时，广西地处中国地势第二阶梯中的云贵高原东南边缘、两广丘陵西部，地质历史古老，喀斯特地貌持续发育，具有稳定、多样、特殊的生态环境，这种历史和生态等因素的结合，导致生物古特有和新特有并存，广西成为研究我国生物多样性、区系学和生物特有种属的关键地区。广西弄岗国家级自然保护区至今还保存着世界上罕见的最完好的北热带喀斯特季节性雨林，堪称广西岩溶之冠（梁畴芬等，1988），该地区被认定为我国14个具有国际意义的陆地生物多样性关键地区之一：中缅生态热点地区（Indo-Burma Hotspot，包括我国云南东南部、广西南部、广东沿海和海南）（Liang et al.，1988；苏宗明和李先琨，2003）。因此，对广西食用菌种质资源，特别是对野生食用菌种质资源进行研究具有重要意义。

第一节 食用菌与真菌的关系

一、什么是食用菌

食用菌是应用真菌学概念，不同年代、不同国家对其定义存在一定差异。在我国，食用菌（edible mushroom）广义上是指可食用、可药用或食药兼用的大型真菌（macrofungi）；狭义上则是指可食用的大型真菌。本书所用"食用菌"的概念是广义上的。

目前，中国已发现大型真菌约3800种（卯晓岚，2000），其中广西约有1000种，而食用菌约占总数的2/3。一些大型真菌兼有药用价值和营养保健功能，称为药用真菌，简称药用菌；多数药用菌也被作为食用菌的一部分进行研究。大型真菌中约80%是共生菌，但绝大部分共生菌都难以进行人工或半人工栽培。可喜的是，近年来羊肚菌、块菌、褐牛肝菌等人工或半人工驯化试验成功并投入大规模生产，极大地激发了业内对共生菌人工驯化的热情。

自然界一些食用菌在土壤腐殖质上生长和发育，主要依靠降解草本植物残体营腐生生活，称为草腐食用菌，简称草腐菌（straw rotting fungus）；但许多食用菌在死亡的树木上营腐生生活，称为木腐食用菌，简称木腐菌（wood rotting fungus）（边银丙，2017）。

在生产上，食用菌栽培基料主要是农业废弃物（如农作物秸秆、林副产品及枝丫材、牲畜及禽类粪便等），在生产过程中食用菌自身会产生一种活性较强的纤维转化酶，该酶可将长链条的纤维素降解为短链条的碳水化合物，将其作为自身营养素产生食用菌子实体（食用菌产品），食用菌收获后，剩下的培养基（菌糠）还可提取一些有效成分，经加工处理后可作为饲料或绿色有机肥还农田，使农业废弃物得到"高效、优质、生态、安全"的循环利用，变废为宝，从而获得最佳的生态效益和经济效益。食用菌生产具有"不与人争粮、不与粮争地、不与地争肥、不与农争时"的特点。

二、食用菌与大型真菌、真菌、菌物的关系

食用菌属于真菌界真菌门大型真菌类，其在生物界的地位如图1-1所示。食用菌与大型真菌、真菌、菌物之间是一种递进、被包含的关系。

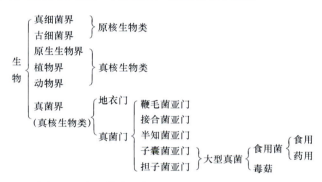

图1-1 食用菌在生物界中的地位（黄毅，1992）

大型真菌是一类肉眼可见、徒手可采、能够形成大型子实体的真菌（Kirk et al.，2008）。依据大型真菌的生态位及其营养方式，可以将其分为3个大的类群，即腐生菌、寄生菌和共生菌（李玉，2013）。大部分大型真菌属于腐生菌或共生菌（菌根真菌），一部分大型真菌是植物病原菌（如玉米黑粉菌、大麦黑粉菌等）（李玉和刘淑艳，2015）。依据大型真菌的形态学特征，可以将其分为具菌褶真菌（gilled fungi）、杯状真菌（cup fungi）、覆瓦状真菌（bracket fungi）、腹菌（puffball）、块菌（truffle）等几个形态学类群（Tsing，2015），或者可以分为大型子囊菌、胶质菌、珊瑚菌、多孔菌、齿菌、革菌、鸡油菌、伞菌、牛肝菌、腹菌、作物大型病原真菌等（李玉等，2015）。

真菌是一类物种多样性较高，在地球上具有重要作用的生物类群，是自然界物质循环中重要的分解者（李玉和刘淑艳，2015）。真菌在陆地生态系统中的作用最为突出，具有生态恢复（Senn-Irlet et al.，2007）、营养流动、物种互作及生态系统演化（Varese et al.，2011；Rubini et al.，2014）等功能。有些真菌还具有重要的食用和药用价值（李玉，2013）。目前，人们公认的真菌数量为150万种，其数量来源于一定区域内维管植

物与真菌的比例（Hawksworth，1991，2001），但依据土壤真菌与维管植物的比例，真菌的数量约为510万种（O'Brien et al.，2005），甚至可达600万种左右（Taylor et al.，2014）。自1943年以来，全球已知真菌总数约为11万种，隶属于9200余属（戴玉成，2015），其中仅有约7万种具有详细的形态学描述（Hawksworth，1991；卯晓岚，1998；姚一建和李玉，2002）。《真菌词典》（第十版）共记载了97 861种真菌，其中子囊菌门64 163种，担子菌门31 515种，但目前已知真菌数量占真菌总数的不到1/10，且大多数已知真菌来源于温带地区（Hawksworth，2001）。虽然热带地区真菌的生物多样性最高，但是由于采样不足，以及真菌区系分散且没有系统的研究，因此温带地区已知真菌数量较多（张树庭，2002；Hawksworth，2004）。根据真菌与维管植物的比例（4∶1～6∶1）（Hawksworth，1991，2001），我国真菌总数应该在12万～24万种（张树庭，2002）。我国目前有真菌1.7万种，占世界真菌总种数的16%，且每年增加约120种新种（戴玉成，2015）。

菌物是指具有真正的细胞核，没有叶绿素，能产生孢子，一般都能进行有性生殖或（和）无性生殖，其营养体通常是菌丝体或单细胞、原质团，具有甲壳质或纤维质的细胞壁，以吸收或吞噬的方式获取营养的一群生物，包括真菌（true fungi）、假菌（pseudofungi）和类菌原生动物（fungi-like protozoa）。依据中国大型菌物的水平分布特点，参考《中国自然地理》对中国植被地区的划分，我国大型菌物可以分为7个大的分区，分别为东北地区（Ⅰ）、华北地区（Ⅱ）、华中地区（Ⅲ）、华南地区（Ⅳ）、内蒙古地区（Ⅴ）、西北地区（Ⅵ）和青藏地区（Ⅶ）（李玉等，2015）。广西依据上述划分方法，分为两个区域：华中地区与华南地区。虽然华南地区是全球生物多样性热点地区（Indo-Burma Hotspot，印缅生态热点地区），但是相比于其他物种及其他地区，华南地区大型真菌的研究相对薄弱。

第二节 广西栽培食用菌种质资源

一、广西食用菌栽培史

广西食用菌生产历史悠久，最早可追溯到唐代，当时，广西已经成功栽培香菇；到了宋代，不少州县都有人工栽培木耳的记载，尤以庆远府（今宜州区）、泗城府（今凌云县）、永宁州（今永福县）居多。清代以后香菇和黑木耳的栽培面积进一步扩大。民国时期，百色、田阳、田林、乐业、环江等县（市）及柳州市郊等地均有食用菌栽培的文字记载。在新中国成立之前，广西食用菌只有零星栽培。

二、广西近代食用菌栽培概况

20世纪70年代之前，我国食用菌一直没有形成产业，社会上将食用菌视为山珍，关于食用菌的研究很少，对其界定一直比较模糊，生物科学上将其归类为植物，统计上一般将其归属到农业经济作物类蔬菜部分，广西也是如此。广西食用菌生产经历了自然发展期、计划经济快速发展期、停滞期、恢复期、重新快速发展期5个阶段。广西食用菌生产起步相对较早，20世纪50年代就开始引进双孢蘑菇栽培，到70~80年代，其总量在全国位居第4~6位，曾是我国少数几个食用菌主产省区之一，主要品种为香菇、木耳、双孢蘑菇等。广西南宁罐头厂出产的"象山"牌等双孢蘑菇罐头曾是当年出口创汇的重要产品，为国家出口创汇做出过重大贡献。

到20世纪90年代，广西食用菌生产逐渐落后于全国沿海先进省份，直到21世纪初，广西食用菌生产才开始出现恢复性增长，并逐渐形成产业，至2005年政府将食用菌列为广西农业新兴优势产业，农业厅明确广西农业技术推广总站为产业责任单位后，随着各级党委政府及相关部门的高度关注和支持、改革开放的快速发展和国内外食用菌市场行情的高速增长，广西食用菌生产出现跨越式增长。广西统计局行业授权统计数据（图1-2）显示：2005年广西食用菌总产量为34.17万t，比上年增长了106%；总产值为17.67亿元，比上年增长36%；到2013年，广西食用菌总产值破百万，达120.26万t，总产值达100.12亿元，首次跨入百亿元产业俱乐部，广西食用菌生产量最大的主栽品种双孢蘑菇占广西食用菌生产总量的半壁江山，达51.37%，广西双孢蘑菇总产量曾于2008~2011年连续四年居全国第二，2012年、2013年双孢蘑菇总产量连续两年居全国首位，创造了全国每4朵双孢蘑菇中就有1朵产自广西的历史奇迹；2016年广西食用菌总产量达129万t，总产值达115亿元，再创历史新高，进入全国十强行列；总产量与总产值实现"十三连增"，成为仅次于粮食、甘蔗、水果、蔬菜的广西种植业中的"第五大产业"。

但是，随着近年来食用菌工厂化生产的大量涌现和市场竞争的日趋白热化，加上劳力短缺、生产成本上涨、比较效益降低等问题日渐突出，以农法生产为主的广西食用菌产业开始出现了明显回落，2017年广西食用菌总产量为84.25万t，总产值78.47亿元，分别比上年下降了34.68%和31.77%，生产面积1.04亿m^2，比上年减少了30.67%，其中双孢蘑菇、香菇、平菇等主要品种生产面积分别减少了51.68%、35.78%、30.77%，产量分别减少了51.97%、34.25%、28.88%（http://www.cefa.org.cn/）。但个别品种逆势大幅增长，如秀珍菇，较上年增加了1.37万t，产量增长较快的品种还有金福菇、大杯蕈和竹荪等，分别较上年增长了367.99%、206.42%和195.52%。2018年，广西食用菌总产量和总产值出现小幅回升，总产量比2017年增加了约2万t，总产值约增加了0.52亿元（图1-2）。

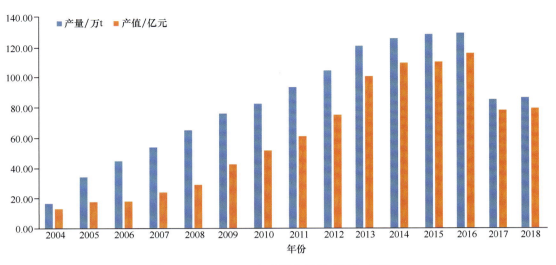

图 1-2　2004～2018年广西食用菌产量与产值

目前我国已商业化和规模栽培的食用菌种类达36种，主要品种有香菇、双孢蘑菇、平菇、金针菇、黑木耳、毛木耳、银耳等常见的"四菇三耳"，以及巴氏蘑菇、真姬菇、蛹虫草、羊肚菌、桑黄等。

广西食用菌栽培种类与全国情况基本一致，除个别品种外，国内大多数品种在广西都有种植。目前，广西普遍栽培的食用菌有草菇（中国蘑菇）、双孢蘑菇、香菇、云耳、秀珍菇、榆黄蘑（金顶侧耳）、灵芝、紫灵芝、大球盖菇、大杯蕈、金福菇、茶树菇、竹荪、茯苓等。由于地域和气候因素，广西南北东西、高低海拔、平原山地的种植也存在着一定的差异。近年来，广西根据市场和产业发展的要求，开始从追求总量的增长向产业提质升级转变，重点是根据当地地理气候条件，挖掘自身潜力，发展特色优质品种。

第三节　广西野生食用菌种质资源

一、广西野生食用菌

近年来，广西对大型真菌资源及其生态调查的研究较多，逐步完善了广西大型真菌资源信息。初步统计广西地区大型真菌约有891种，其中子囊菌123种、担子菌768种。

第一章 广西食用菌种质资源概况

20世纪80年代初，魏斌刚、陈思华等在广西共发现了野生食用菌125种，其中不乏珍稀食用菌，如虎掌菌、琥珀木耳、橙黄银耳、茯苓等。依据2009年发表的《中国广西大型真菌研究》的研究结果，广西有大型真菌891种，其中可食用或药用的真菌有450种左右，其中麦角菌科（虫草类）食用菌17种（如蜂头虫草、多座虫草、蚂蚁虫草、下垂虫草、蝉花棒束孢等物种），蘑菇科12种，侧耳科9种，银耳科16种（如金黄银耳、银耳、血红银耳、澳洲银耳、巴西银耳等物种），灵芝科34种（如广西灵芝、鹿角灵芝、黑灵芝、南方灵芝、紫灵芝、灵芝等物种），木耳科6种（如木耳、皱木耳、钝形木耳、毛木耳等物种）等，主要野生食用菌见表1-1。

表1-1 广西主要野生食用菌（李玉，2013）

中文名	拉丁名	分布	生境
黄毛黄侧耳	*Phyllotopsis nidulans*	黑龙江、吉林、甘肃、新疆、青海、广西、西藏等地	在阔叶树倒木或针叶树倒腐木上，群生或近丛生
变绿红菇	*Russula virescens*	黑龙江、吉林、辽宁、江苏、福建、河南、甘肃、陕西、广西、西藏、四川等地	林中地上单生或散生，属外生菌根真菌
灰网柄牛肝菌	*Retiboletus griseus*	广东、广西、四川、云南、西藏、福建等地	针阔混交林中地上，群生或簇生，与某些树种形成外生菌根
香乳菇	*Lactarius camphoratus*	吉林、江苏、福建、广西、四川、贵州、云南等地	林中地上单生或散生，属外生菌根真菌
血红乳菇	*Lactarius sanguifluus*	山西、江苏、浙江、四川、广西、甘肃、青海等地	针叶林中地上单生或散生，属外生菌根真菌
多汁乳菇	*Lactarius volemus*	黑龙江、吉林、辽宁、江苏、安徽、福建、湖南、广东、广西、四川、云南、贵州等地	林中地上单生或散生，属外生菌根真菌
硫黄菌	*Laetiporus sulphureus*	黑龙江、吉林、内蒙古、河北、山西、安徽、江苏、浙江、福建、江西、河南、广东、广西、四川、云南等地	阔叶树枯木基部或倒伐的木桩上，偶见于针叶树木桩，覆瓦状叠生，据记载，该菌可引起儿童出现视觉幻觉（谭建文，2002），不建议未成年人食用
革耳	*Lentinus strigosus*	黑龙江、吉林、内蒙古、河北、山西、安徽、江苏、浙江、福建、江西、河南、广东、广西、四川、云南等地	柳、杨、栎、桦、枫等腐木上，单生、群生或丛生
裂褶菌	*Schizophyllum commune*	全国各地	干枯的阔叶树、针叶树或草本植物表面，散生或群生

广西野生食用菌最出名的是浦北县等地的红椎菌（又名红菇、红菌），其次是天峨县等地的松乳菇（又名松树菌），排名第三的是中华鹅膏菌，该菌又名丛树菌，广西部

分地区有采食；此外，还有上思灵芝、弄岗假芝等具有地域特色的食药用菌。广西红椎菌的采收面积达 4.5 万亩（1 亩≈666.7m^2，后文同），年总产量超万吨，年销售额达 2 亿元，据中国食用菌协会统计，广西红椎菌总产量多年来一直稳居全国第一，成为浦北县等主产地的优势特色产业，浦北县也成为名副其实的"红椎菌特色小镇"。广西其他野生食用菌一般只有零星交易，如一些产区生产季节在当地农贸市场会出现鸡枞菌、松乳菇等销售摊点。

从 2016 年起，广西农业科学院微生物研究所与广西弄岗国家级自然保护区共承担食用菌资源调查、收集与鉴定评价相关项目 5 项，包括"食用菌种质资源收集鉴定与保存"（在研）、"广西大型真菌种质资源系统调查与抢救性收集"、"广西食用菌种质资源系统调查与抢救性收集"、"广西弄岗国家级自然保护区食用菌资源调查与评价"、"广西弄岗喀斯特森林大型真菌分类鉴定及分子系统学分析"，在这些项目的支持下，对广西食用菌种质资源进行了较为系统的研究。现已收集大型真菌标本近千份，已鉴定大型真菌约 500 份，鉴定出大型真菌近 200 种，其中拟定新种 5 种、中国新记录种 5 种、广西新记录种近 40 种。对野生食用菌，主要针对物种鉴定、异名、分类地位、采集地与生境、是否具有食用性、简单分布及形态学描述等进行阐述。

二、野生食用菌收集与调查手段

野外收集食用菌时，应注意食用菌的完整性，包括菌环、菌托等附属结构。每份标本或样品应尽可能收集到不同的发育阶段，但不应"采尽杀绝"，要保证野生食用菌资源的可持续发生。由于食用菌对生境要求较高，故同时应避免对食用菌生境造成破坏。采集到的标本，特别是肉质的，应放置于平底的篮子或具有支撑作用的容器中，防止相互挤压造成标本损坏。对子实体较小或虫草类的标本，应由小型整理盒或专用的保藏盒暂时保存。

食用菌的调查手段，多与大型真菌调查手段相似。一般采用记录、拍照、录像、手绘生态图等手段，记录食用菌种质资源的地理信息、生态环境、自然生长状态、物种特性（如伤变色、乳汁等）等。每份种质资源应有产地、生境、生态、基物等基本信息，并赋予种质资源独立的编号。

标本采集完成后，填写食用菌种质资源野外记录表（表 1-2），详细记录新鲜野生食用菌的宏观形态特征，并分离野生食用菌的菌种。而后于实验室内，对收集得到的野生食用菌种质资源进行烘干、鉴定、保存。

表 1-2　食用菌种质资源野外记录表

拉丁名：				
中文名：		采集日期：		
编号：		照片号：		
采集地：		采集人：		
经度：	纬度：	海拔：		
接近树种或基物：				
生态	单生　散生　群生 丛生　簇生　叠生			
菌盖	直径：　　cm		颜色：	
	伤变色：		水浸状 非水浸状	
菌肉	颜色：		伤变色：	
	气味：		是否有汁液：	
菌褶	密度：稀　中　密		等长；不等长；横脉；分叉；网状	
	颜色：		其他：	
	直生：			
菌柄	颜色：		长：　cm	宽：　cm
	伤变色：			
	肉质　脆骨质　纤维质 空心　实心			形状：
菌环	颜色：		位置：	
	膜质　匀质　丝胶状		其他：	
菌托	颜色：		大小：	
	形状：			
孢子印颜色：				

第二章
广西栽培食用菌种质资源

第一节 平　　菇

平菇是侧耳科（Pleurotaceae）侧耳属（*Pleurotus*）可栽培种的统称，主要包括糙皮侧耳（*Pleurotus ostreatus*）、白黄侧耳（*Pleurotus cornucopiae*）、佛州侧耳（*Pleurotus florida*）、肺形侧耳（*Pleurotus geesterani*）4个种，有时也特指糙皮侧耳，是我国栽培历史悠久的食用菌品种。平菇于1900年在德国首次人工栽培成功，20世纪30年代在我国开始人工栽培，20世纪70年代开始商业化栽培，初期主要栽培种类为糙皮侧耳，随着栽培规模的扩大及对品种多样化的需求，后增加了白黄侧耳、佛州侧耳、肺形侧耳。由于市场需求导向不同，结合不同的栽培措施，商品外观形态产生了差异，形成了平菇、姬菇和秀珍菇等外观不同的商品名称。据中国食用菌协会统计，2017年我国平菇（不包括秀珍菇）总产量达到546.39万t，占我国食用菌总产量的14.71%，居第三位；2017年广西平菇（不包括秀珍菇）总产量达到16.02万t，居广西食用菌总产量第二位，产量相对2016年下降28.88%，但经济效益略有提升。

根据生产的需要，可以从不同的方面对平菇品种进行分类。只有了解品种的类型，进而掌握品种的详细特征特性，栽培才可能措施得力，创造该品种适宜的环境条件，品种优势才能充分发挥，获得理想的生产效益。以下以广西地区大面积推广栽培种为例。

一、按出菇温度划分的品种

与微生物种类以培养温度划分类群不同，食用菌栽培种类的温度划分是从食用菌栽培学意义上进行的，按照出菇期子实体需要的温度可以将平菇分为以下五大类。

1. 低温型品种

低温型品种的出菇温度为5~15℃，高于15℃时子实体不能形成。这类品种子实体组织紧密，细腻，口感好，菌盖大，菌柄短。广西地区基本没有此类。

2. 中温型品种

中温型品种的出菇温度为10~20℃，多数品种属于此类。这类品种子实体组织较为紧密，菌盖较厚，大小整齐。广西常见品种有灰美2号、高产8129等。

3. 中高温型品种

中高温型品种的适宜出菇温度为16～23℃，属于糙皮侧耳的这类品种子实体多为土灰色，组织多较疏松，菌盖较薄，韧性稍差，易破碎；属于佛州侧耳的这类品种为乳白色，菌盖质地紧密，口感清脆，菌柄细长。广西常见品种有春栽1号、早秋615等。

4. 高温型品种

高温型品种的出菇温度在20℃以上，适宜的出菇温度为20～27℃。这类品种在低于20℃的环境条件下出菇虽然能形成子实体，但菌柄较长，菌盖较小，商品质量较差。广西常见品种有茶39、基因2005等。

5. 广温型品种

广温型品种的出菇温度范围广，为8～28℃，这类品种可作周年栽培生产使用。这类品种子实体韧性好，耐储运性能好，子实体组织的紧密度因温度的变化而异，在20℃以下质地紧密，超过20℃菌盖变薄。广西常见品种有和平2号、姬菇8号等。

二、按出菇季节划分的品种

根据出菇期子实体适宜生长发育所需温度的不同，可选择适宜不同出菇季节的品种。因此，生产中也常将栽培品种按照出菇季节进行划分，如广西适宜夏季出菇的夏灰1号、茶39等；适宜秋季出菇的早秋615、春栽1号、和平2号、姬菇8号等；适宜冬季出菇的灰美2号、特抗650、高产8129等；适宜春季出菇的春栽1号、姬菇214等。

三、按子实体色泽划分的品种

根据不同地区人们对平菇色泽的喜好，栽培者选择品种时常把子实体色泽放在第一位。因此，生产中也常将栽培品种按子实体的色泽进行划分，依据在适宜温度和光照条件下的子实体色泽，平菇可分为深色种、浅色种和白色种三大品种类型。

1. 深色种

色泽为深灰色或灰黑色的品种多是低温型品种和广温型品种，属于糙皮侧耳，如和平2号、姬菇8号等。色泽为棕褐色的主要是肺形侧耳，其灰色带有程度不同的红棕色而呈现棕褐色，该类属于秀珍菇品种。而且，子实体色泽的深浅程度随温度的变化而变化，一般温度越低色泽越深，温度越高色泽越浅。另外，光照不足色泽也变浅。深色种多品质好，表现为肉厚、鲜嫩、滑润、味浓、组织紧密、口感好。

2. 浅色种

具有这类色泽的品种多是中温型品种和中高温型品种，适宜的出菇温度略高于深色种，多属于佛州侧耳，如早秋615、春栽1号等。色泽也随温度的升高而变浅，随光照的增强而加深。

3. 白色种

具有这类色泽的品种多为中高温型品种和高温型品种，多属于佛州侧耳，广西地区少有栽培。

四、栽培平菇品种

1. 平菇558

【学名】

Pleurotaceae（侧耳科）*Pleurotus*（侧耳属）*Pleurotus florida*（佛州侧耳）。

【俗名】

平菇、佛罗里达侧耳。

【品种来源】

平菇558来源于广西食用菌良种培育中心。

【子实体、菌丝体形态特征】

子实体中等，丛生，菇型圆整；菌盖幼时深灰色，渐变浅灰色，颜色随温度的变化而变化（8～20℃灰色至浅灰色，25～35℃灰白色至白色），表面光滑，采收时每丛50～90片（菌袋规格为23cm×45cm），单片农艺性状为鲜重5～10g，菌盖大小为（3～6）cm×（4～7）cm，厚0.3～1.2cm；菌柄长1.5～4.0cm，直径0.5～1.3cm。菌丝体

 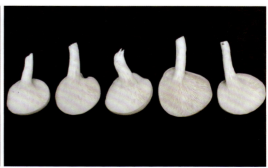

白色，绒毛状，气生菌丝较发达，爬壁能力较强，后期无色素分泌。

【生长发育条件】

营养：菌丝生长适宜单糖为葡萄糖、果糖等，适宜复合碳源为杂木屑、甘蔗渣、棉籽壳等农林废弃物，适宜有机氮源为酵母膏、蛋白胨、麦麸、豆粕等。

温度：菌丝生长温度为5～35℃，适宜温度为25～28℃；出菇温度为8～35℃，适宜温度为15～28℃。原基形成和子实体分化不需要温差刺激。

水分：菌丝生长基质的适宜含水量为60%～65%，子实体形成期空气相对湿度为85%～90%。

pH：菌丝生长适宜pH为5.0～6.0。

光照：菌丝生长不需要光照，原基分化需较弱散射光，子实体生长需200lx以上的较强散射光。

空气：菌丝生长、原基分化和发育都需要充足的氧气。

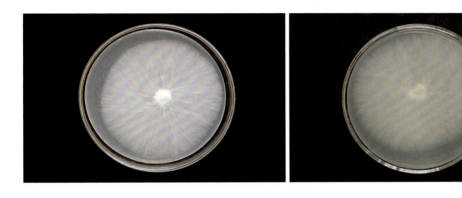

【优异性状】

平菇558是中高温型品种，较耐高温。出菇集中、整齐，菇片多时偏小，子实体柄短、肉较厚，菇质优，商品性好；产量高，生物学转化率接近100%；栽培性状稳定，适应性广，可在广西春、夏、秋季出菇，适合各种农作物及林业废弃物栽培；出菇和转潮快，接种23天左右就可出第一潮菇，5～13天就能转潮一批。鲜食口感鲜嫩。缺点是出菇包容易形成厚菌皮。

【广西栽培情况】

平菇558是广西春、夏季主要平菇栽培品种之一，春季以码垛出菇为主，夏季以层架式出菇为主，一般3～8月接种，4～9月出菇，年栽培规模约10万包，其栽培地区遍布广西全区。

适宜培养基配方：杂木屑78%，麦麸20%，石灰1%，石膏1%，含水量60%～65%，pH 6.0～7.5。

2. 白平菇

【学名】

Pleurotaceae（侧耳科）*Pleurotus*（侧耳属）*Pleurotus florida*（佛州侧耳）。

【俗名】

平菇、佛罗里达侧耳。

【品种来源】

白平菇来源于广西玉林市北流市新荣镇。

【子实体、菌丝体形态特征】

菇型中等，叶片丛生或叠生；子实体幼时呈白色桑葚状生长，随生长速度变化，菇体渐呈覆瓦状生长变大，菌盖直径3.0～9.0cm，厚0.7～1.5cm，呈圆形或扇形，菌盖菇蕾初期洁白色，成熟期白色略带黄白色；菌肉白色；菌柄短，白色，近圆柱形，长3.0～7.0cm，中生或侧生，实心，肉质；菌褶白色，延生，刀片状，不等长，细密；孢子印白色。在PDA培养基上，菌落平整，菌丝体呈洁白色，粗壮、浓密、整齐，分枝丝状，气生菌丝发达，无色素分泌。

【生长发育条件】

营养：菌丝生长适宜碳源为甘露醇、果糖、可溶性淀粉；适宜氮源为酵母膏、牛肉膏；栽培过程中，对原料营养要求不严，可利用棉籽壳、玉米芯、玉米秆、木屑、稻草、麦秸、豆秆及工农业废料栽培。

温度：中温型品种，菌丝生长温度为10～35℃，适宜温度为25～30℃；子实体发育温度为5～28℃，18～25℃子实体出菇品质好。

水分：菌丝生长基质的适宜含水量为60%～70%，菌丝生长阶段空气相对湿度为60%～65%，子实体形成及发育期间空气相对湿度为85%～90%。

pH：pH在5.0～9.0时菌丝均能正常生长，适宜pH为6.5～7.5，栽培培养基适宜pH为7.0～8.0。

光照：菌丝生长不需要光照，原基形成和分化需要一定的散射光，不论光照强弱，子实体色泽均洁白不变。

空气：菌丝和子实体生长阶段需要充足的氧气，且子实体不能受冷热风直接吹。

【优异性状】

白平菇菌柄短，韧性好，不脆烂。子实体洁白如玉，菇型圆整、形态美观，小菇、次菇少，商品率高。缺点是该品种发菌慢，比同类品种慢5～7天，但从菇蕾初期到子实体成熟，子实体一直保持洁白色，可作为小白菇销售。

【广西栽培情况】

白平菇在广西玉林市北流市、容县和崇左市等地有少量栽培,以袋栽为主,采用墙式袋栽模式,栽培季节为冬春季,即11月至翌年3月。

当地推荐培养基配方:棉籽壳(甘蔗渣、玉米芯)30%,杂木屑20%,桑枝28%,麦麸20%,石膏1%,石灰1%。

3. 茶39

【学名】

Pleurotaceae(侧耳科）*Pleurotus*(侧耳属）*Pleurotus florida*(佛州侧耳)。

【俗名】

平菇、佛罗里达侧耳。

【品种来源】

茶39来源于广西南宁市西乡塘区罗文村。

【子实体、菌丝体形态特征】

茶39是高温型品种,出菇温度范围广,菇型中等偏大,子实体丛生或覆瓦状叠生;菌盖灰色、灰白色或白色,高温时呈白色,低温时灰色;菌肉白色;菌柄较细长,侧生或偏生,实心,肉质;菌褶白色,延生,刀片状,不等长,细密;孢子印白色。在PDA培养基上菌丝体白色、粗壮、浓密,有较多气生菌丝。

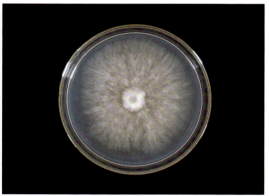

【生长发育条件】

营养:菌丝生长适宜碳源为蔗糖、羧甲基纤维素钠、麦芽糖;适宜氮源为蛋白胨、牛肉膏;栽培过程中,可以利用各种富含纤维素、半纤维素、木质素的农副下脚料碳源,豆饼、麦麸、玉米粉、米糠等氮源。

温度:菌丝生长温度为10~36℃,适宜温度为25~30℃;子实体存活温度为10~32℃,适宜温度为25~28℃。

第二章　广西栽培食用菌种质资源

水分：菌丝培养基含水量以60%～65%为宜；子实体形成及发育阶段空气相对湿度为90%～95%，生长阶段以空气相对湿度85%～90%为宜。

pH：生长阶段pH为4.0～9.0，适宜pH为6.0～7.0。

光照：菌丝生长不需要光照，但子实体的形成和发育需要光照，特别是子实体的分化和发育需要较强的光照，以750～1500lx为宜。

空气：菌丝生长阶段需要氧气不多，子实体生长阶段需要充足的氧气。

【优异性状】

茶39出菇温度范围广，在广西的栽培季节较长，2～10月均可栽培，出菇快，菌丝培养25天左右可以出菇，转潮快，产量高，适应性比较广，是广西春、夏季栽培较多的品种。

【广西栽培情况】

茶39在广西各地均有栽培，栽培量为250万~280万袋/年。在广西主要以袋栽为主，采用墙式袋栽模式，可春、夏、秋季栽培。

当地推荐培养基配方：（桉树皮、桉树屑、甘蔗渣、玉米芯、玉米秆）40%，（杂木屑、桑枝）38%，麦麸15%，玉米粉5%，石膏1%，石灰1%。

4. 春栽1号

【学名】

Pleurotaceae（侧耳科）*Pleurotus*（侧耳属）*Pleurotus florida*（佛州侧耳）。

【俗名】

平菇、佛罗里达侧耳。

【品种来源】

春栽1号来源于广西南宁市西乡塘区种植户处。

【子实体、菌丝体形态特征】

子实体丛生，菇型圆整；菌盖幼时深灰色，渐变为灰色，且随温度的变化而变化（5~25℃灰色至浅灰色，25~33℃灰白色），表面光滑，采收时每丛10~30片（菌袋规格为23cm×45cm），单片农艺性状为鲜重10~25g，菌盖大小为（4.0~6.0）cm×（4.5~7.5）cm，厚0.8~1.6cm；菌柄长1.0~6.0cm，直径0.5~1.7cm。菌丝体白色，绒毛状，气生菌丝较发达，爬壁能力较强，后期吐黄色水珠，培养皿背面淡黄色。

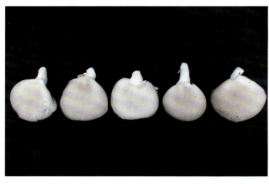 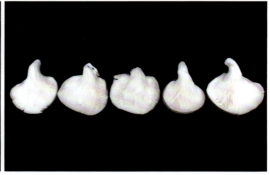

【生长发育条件】

营养：菌丝生长适宜单糖为葡萄糖、果糖等，适宜复合碳源为杂木屑、甘蔗渣、棉籽壳等农林废弃物，适宜有机氮源为酵母膏、蛋白胨、麦麸、豆粕等。

温度：菌丝生长温度为5~35℃，适宜温度为25~28℃；出菇温度为4~33℃，适宜温度为10~25℃。原基形成和子实体分化不需要温差刺激。

水分：菌丝生长基质的适宜含水量为60%~65%，子实体形成期空气相对湿度为

85%～90%。

pH：菌丝生长适宜pH为5.0～6.0。

光照：菌丝生长不需要光照，原基分化需较弱散射光，子实体生长需200lx以上的较强散射光。

空气：菌丝生长、原基的分化和发育都需要充足的氧气。

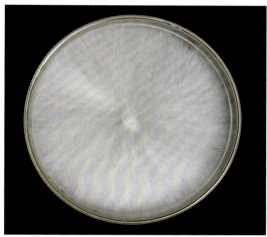 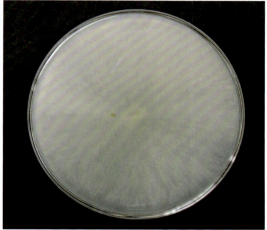

【优异性状】

春栽1号是中高温型品种，较耐高温，出菇集中、整齐，子实体柄短、肉较厚，菇片大、质优，商品性好；产量高，生物学转化率达150%左右；栽培性状稳定，抗逆性强，夏季高温不易烂包；适应性广，可在广西春、秋、冬季出菇，厚菇率高，适合各种农作物及林业废弃物栽培；出菇和转潮快，接种28天左右就可出第一潮菇，10～15天能转潮一批。鲜食口感鲜嫩。

【广西栽培情况】

春栽1号是广西春、秋季主要平菇栽培品种之一，主要以码垛出菇，一般2～3月或8～10月接种，9月或翌年3月出菇，年栽培规模约40万包，其栽培地区遍布广西全区。

适宜培养基配方：杂木屑78%，麦麸20%，石灰1%，石膏1%，含水量60%～65%，pH 6.0～7.5。

5. 夏灰1号

【学名】

Pleurotaceae（侧耳科）*Pleurotus*（侧耳属）*Pleurotus florida*（佛州侧耳）。

【俗名】

平菇、佛罗里达侧耳。

【品种来源】

夏灰1号来源于广西玉林市福绵区福绵镇宝岭村。

【子实体、菌丝体形态特征】

子实体丛生或覆瓦状叠生，菇型中等偏大；菌盖呈扇形或近半圆形，灰色或灰白色，气温低时，菌盖为灰色，气温高时，菌盖为灰白色或白色；菌肉白色；菌柄较细，白色，近圆柱状，侧生或偏生，实心，肉质；菌褶白色，延生，刀片状，不等长，细密；孢子印白色。在PDA培养基上，菌丝体呈洁白色，粗壮、浓密、整齐、绒毛状、丝状或放射状，气生菌丝较浓密。

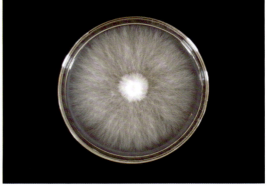

【生长发育条件】

营养：菌丝生长适宜碳源为羧甲基纤维素钠、麦芽糖；适宜氮源为蛋白胨；栽培中，除利用单糖外，还主要利用各种富含纤维素、半纤维素、木质素的农副下脚料碳源，以及豆饼、麦麸、玉米粉、黄豆粉、米糠等氮源。

温度：菌丝生长温度为10～35℃，适宜温度为27～30℃。子实体发育温度为12～35℃，适宜温度为22～30℃。

水分：菌丝生长基质的适宜含水量为60%～65%，菌丝生长要求空气相对湿度为60%～70%，子实体形成及发育期间空气相对湿度为85%～90%。

pH：菌丝在pH 5.0～9.0均能正常生长，适宜pH为6.5～7.0，栽培中培养基pH为7.0～8.0较适宜。

光照：菌丝生长不需要光照，原基分化和子实体发育期间需要散射光。适度的散射光条件下，子实体菌肉肥厚，色泽自然，产量高，在黑暗条件下，子实体颜色偏白，菌柄细、菌盖小、畸形。

空气：菌丝和子实体生长阶段要保证新鲜空气供给，空气不流通，易造成菇体畸形，但菇体不能受冷热风直接吹。

【优异性状】

子实体大小均匀，小菇少，韧性好，出菇转潮快，抗病力强，后劲足，产量高。该品种较耐高温，33℃高温季节，均能正常出菇，不畸形，是广西春、夏季出菇较好的品种。

【广西栽培情况】

在广西以墙式袋栽模式为主，可春、夏、秋季（3～10月）栽培，各地均有栽培。

当地推荐培养基配方：（桉树皮、桉树屑、甘蔗渣、玉米芯、玉米秆）40%，（杂木屑、桑枝）38%，麦麸15%，玉米粉5%，石膏1%，石灰1%。

6. 高产 8129

【学名】

Pleurotaceae（侧耳科）*Pleurotus*（侧耳属）*Pleurotus ostreatus*（糙皮侧耳）。

【俗名】

平菇、侧耳、北风菌、冻菌等。

【品种来源】

高产8129来源于江苏省扬州市江都区天达食用菌研究所。

【子实体、菌丝体形态特征】

子实体丛生，菇型圆整；菌盖幼时深灰色，渐变为灰色，且颜色随温度的变化而变化（2~20℃灰色至浅灰色，20~30℃灰白色），表面光滑，采收时每丛25~45片（菌袋规格为23cm×45cm），单片农艺性状为鲜重8~17g，菌盖大小为(5.0~7.0)cm×(4.0~7.0)cm，厚0.8~1.3cm；菌柄长1.2~3.0cm，直径0.6~1.5cm。菌丝体白色，绒毛状，气生菌丝较发达，爬壁能力较强，后期吐黄色水珠，培养皿背面淡黄色。

 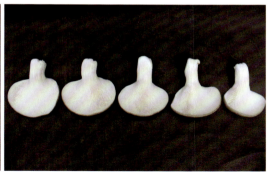

【生长发育条件】

营养：菌丝生长适宜单糖为葡萄糖、果糖等，适宜复合碳源为杂木屑、甘蔗渣、棉籽壳等农林废弃物，适宜有机氮源为酵母膏、蛋白胨、麦麸、豆粕等。

温度：菌丝生长温度为5～35℃，适宜温度为25～28℃；出菇温度为2～30℃，适宜温度为8～20℃。原基形成和子实体分化不需要温差刺激。

水分：菌丝生长基质的适宜含水量为60%～65%，子实体形成阶段空气相对湿度为85%～90%。

pH：菌丝生长适宜pH为5.0～6.0。

光照：菌丝生长不需要光照，原基分化需较弱散射光，子实体生长需200lx以上的较强散射光。

空气：菌丝生长、原基的分化和发育都需要充足的氧气。

【优异性状】

高产8129是中温型品种，较耐高温，出菇集中、整齐，子实体柄短、肉较厚，菇片大、质优，商品性好；产量高，生物学转化率达150%～200%；特抗黄枯病；栽培性状稳定，适应性广，可在广西春、秋、冬季出菇，厚菇率高，适合各种农作物及林业废弃物栽培；出菇和转潮快，接种33天左右可出第一潮菇，20天左右转潮。鲜食口感鲜嫩。

【广西栽培情况】

高产8129是广西秋、冬季主要平菇栽培品种之一,以码垛出菇为主,一般2～3月或8～10月接种,3月或9月出菇,年栽培规模约10万包,主要栽培地区在南宁周边郊区。

适宜培养基配方:杂木屑78%,麦麸20%,石灰1%,石膏1%,含水量60%～65%,pH 6.0～7.5。

7. 和平 2 号

【学名】

Pleurotaceae（侧耳科）*Pleurotus*（侧耳属）*Pleurotus ostreatus*（糙皮侧耳）。

【俗名】

平菇、侧耳、北风菌、冻菌等。

【品种来源】

和平 2 号来源于广西食用菌良种培育中心。

【子实体、菌丝体形态特征】

子实体丛生，菇型圆整；菌盖幼时深灰黑色，渐变为灰色，且随温度的变化而变化（5～20℃灰色至浅灰色，20～33℃灰白色），表面光滑，采收时每丛 35～55 片（菌袋规格为 23cm×45cm），单片农艺性状为鲜重 6～17g，菌盖大小为（4.5～6.5）cm×（3.5～6.5）cm，厚 0.5～1.5cm；菌柄长 1.0～4.0cm，直径 0.6～1.5cm。菌丝体白色，绒毛状，气生菌丝较发达，爬壁能力较强，后期吐黄色水珠，培养皿背面淡黄色。

 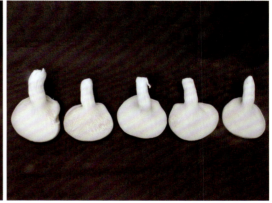

【生长发育条件】

营养：菌丝生长适宜单糖为葡萄糖、果糖等，适宜复合碳源为杂木屑、甘蔗渣、棉籽壳等农林废弃物，适宜有机氮源为酵母膏、蛋白胨、麦麸、豆粕等。

温度：菌丝生长温度为 5～35℃，适宜温度为 25～28℃；出菇温度为 3～30℃，适宜温度为 8～20℃。原基形成和子实体分化不需要温差刺激。

水分：菌丝生长基质的适宜含水量为 60%～65%，子实体形成期空气相对湿度为 85%～90%。

pH：菌丝生长适宜 pH 为 5.0～6.0。

光照：菌丝生长不需要光照，原基分化需较弱散射光，子实体生长需200lx以上的较强散射光。

空气：菌丝生长、原基的分化和发育都需要充足的氧气。

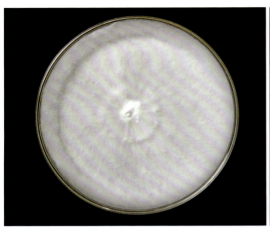 

【优异性状】

和平2号是广温型品种，较耐高温，子实体柄短、肉较厚，菇片大、质优，商品性好；栽培性状稳定、产量高，生物学转化率达200%；特抗黄枯病；出菇整齐，适应性广，可在广西春、秋、冬季出菇，厚菇率高，适合各种农作物及林业废弃物栽培；出菇和转潮快，接种31天左右可出第一潮菇，20天左右转潮。鲜食口感鲜嫩。

【广西栽培情况】

和平2号是广西秋、冬季主要平菇栽培品种之一，以码垛出菇为主，一般8～11月接种，9月至翌年5月出菇，年栽培规模约100万包，主要栽培地区遍布广西全区。

适宜培养基配方：杂木屑78%，麦麸20%，石灰1%，石膏1%，含水量60%～65%，pH 6.0～7.5。

8. 黑霸王

【学名】

Pleurotaceae（侧耳科）*Pleurotus*（侧耳属）*Pleurotus ostreatus*（糙皮侧耳）。

【俗名】

平菇、侧耳、北风菌、冻菌等。

【品种来源】

黑霸王来源于广西玉林市福绵区樟木镇。

【子实体、菌丝体形态特征】

子实体菇蕾密集，菇型中等偏大，叶片丛生或覆瓦状叠生；菌盖直径3～8cm，呈扇形，黑色或灰黑色，气温低时，菌盖为黑色，气温稍高或高湿、高温气候，菌盖为灰黑色或灰色；菌肉白色；菌柄肉质，侧生或偏生，实心；菌褶白色，延生，刀片状，不等长，细密；孢子印白色。在PDA培养基上菌丝体呈洁白色，粗壮、浓密、整齐，放射线丝状生长，气生菌丝较浓密。

【生长发育条件】

营养：菌丝生长适宜碳源为蔗糖、麦芽糖、可溶性淀粉；适宜氮源为蛋白胨、牛肉膏；栽培中对原料营养要求不严，可利用棉籽壳、玉米芯、玉米秆、木屑、稻草、麦秸、豆秆及工农业废料栽培，但秸秆草类栽培效果更好。

温度：菌丝生长温度为10～35℃，适宜温度为27～30℃；子实体发育温度为12～32℃，适宜温度为22～28℃。

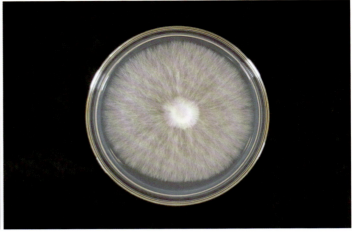

水分：菌丝生长基质的适宜含水量为60%～65%，菌丝生长要求空气相对湿度为60%～70%，子实体形成及发育期间空气相对湿度为85%～90%。

pH：菌丝在pH 5.0～9.0均能正常生长，适宜pH为6.5～7.0，栽培中培养基pH为7.0～8.0较适宜。

光照：菌丝生长不需要光照，原基分化和子实体发育期间需要散射光。适度的散射光条件下，子实体菌肉肥厚，色泽自然，产量高，在黑暗条件下，子实体颜色偏白，菌柄细，菌盖小、畸形。

空气：菌丝和子实体生长阶段要保证新鲜空气供给，空气不流通，易造成菇体畸形，但菇体不能受冷热风直接吹。

【优异性状】

黑霸王菌丝分解纤维素能力较强，抗杂能力强，适合生料、发酵料栽培，草料栽培效果特别好。子实体丛生，菇蕾密集，菌柄肉质柔软，生料出菇产量高，适合11月下旬至翌年1月生料栽培。

【广西栽培情况】

黑霸王在广西可生料、熟料栽培,栽培方式有袋栽、床栽、墙栽,但以生料袋栽和床栽为主,主要在玉林市区、北流市、博白县等地形成栽培规模。

主要栽培原料:甘蔗渣、稻草、棉籽壳、玉米芯、玉米秆屑等。

9. 灰美2号

【学名】

Pleurotaceae(侧耳科)*Pleurotus*(侧耳属)*Pleurotus ostreatus*(糙皮侧耳)。

【俗名】

平菇、侧耳、北风菌、冻菌等。

【品种来源】

灰美2号来源于江苏省扬州市江都区天达食用菌研究所。

【子实体、菌丝体形态特征】

子实体丛生,菇型圆整;菌盖幼时深灰黑色,渐变为灰黑色至淡灰色,且随温度的变化而变化(2~20℃灰色至浅灰色,20~32℃淡灰色至灰白色),表面光滑,采收时每丛40~60片(菌袋规格为23cm×45cm),单片农艺性状为鲜重6~14g,菌盖大小为(4.0~7.0)cm×(4.0~8.0)cm,厚0.5~1.0cm;菌柄长1.0~3.0cm,直径0.5~1.5cm。菌丝体白色,绒毛状,气生菌丝较发达,爬壁能力较强,后期吐黄色水珠,培养皿背面淡黄色。

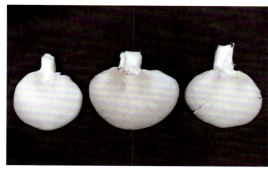 

【生长发育条件】

营养:菌丝生长适宜单糖为葡萄糖、果糖等,适宜复合碳源为杂木屑、甘蔗渣、棉籽壳等农林废弃物,适宜有机氮源为酵母膏、蛋白胨、麦麸、豆粕等。

温度:菌丝生长温度为5~35℃,适宜温度为25~28℃;出菇温度为2~32℃,适宜温度为8~20℃。原基形成和子实体分化不需要温差刺激。

水分:菌丝生长基质的适宜含水量为60%~65%,子实体形成期空气相对湿度为85%~90%。

pH：菌丝生长适宜 pH 为 5.0～6.0。

光照：菌丝生长不需要光照，原基分化需较弱散射光，子实体生长需 200lx 以上的较强散射光。

空气：菌丝生长、原基的分化和发育都需要充足的氧气。

【优异性状】

灰美 2 号是中温型品种，较耐高温，出菇集中、整齐，子实体柄短、肉较厚，菇片大、质优，商品性好；产量高，生物学转化率达 200% 左右；特抗黄枯病；栽培性状稳定，适应性广，可在广西春、秋、冬季出菇，适合各种农作物及林业废弃物栽培；出菇和转潮快，接种 34 天左右可出第一潮菇，20 天左右转潮。鲜食口感鲜嫩。

【广西栽培情况】

灰美 2 号是广西秋、冬季主要平菇栽培品种之一，以码垛出菇为主；一般 8～11 月接种，9 月至翌年 5 月出菇，年栽培规模约 20 万包，主要栽培地区遍布广西全区。

适宜培养基配方：杂木屑 78%，麦麸 20%，石灰 1%，石膏 1%，含水量 60%～65%，pH 6.0～7.5。

10. 特抗 650

【学名】

Pleurotaceae（侧耳科）*Pleurotus*（侧耳属）*Pleurotus ostreatus*（糙皮侧耳）。

【俗名】

平菇、侧耳、北风菌、冻菌等。

【品种来源】

特抗 650 来源于江苏省扬州市江都区天达食用菌研究所。

【子实体、菌丝体形态特征】

子实体丛生，菇型圆整；菌盖幼时深灰色，渐变为灰色，且随温度的变化而变化（5～20℃灰色至浅灰色，20～30℃灰白色），表面光滑，采收时每丛 40～70 片（菌袋规格为 23cm×45cm），单片农艺性状为鲜重 7～17g，菌盖大小为（3.0～6.5）cm×（4.2～7.0）cm，厚 0.5～1.4cm；菌柄长 1.5～4.0cm，直径 0.6～1.2cm。菌丝体白色，绒毛状，气生菌丝较发达，爬壁能力强，后期吐黄色水珠，培养皿背面淡黄色。

【生长发育条件】

营养：菌丝生长适宜单糖为葡萄糖、果糖等，适宜复合碳源为杂木屑、甘蔗渣、棉籽壳等农林废弃物，适宜有机氮源为酵母膏、蛋白胨、麦麸、豆粕等。

温度：菌丝生长温度为5～35℃，适宜温度为25～28℃；出菇温度为3～30℃，适宜温度为8～20℃。原基形成和子实体分化不需要温差刺激。

水分：菌丝生长基质的适宜含水量为60%～65%，子实体形成期空气相对湿度为85%～90%。

pH：菌丝生长适宜pH为5.0～6.0。

光照：菌丝生长不需要光照，原基分化需较弱散射光，子实体生长需200lx以上的较强散射光。

空气：菌丝生长、原基的分化和发育都需要充足的氧气。

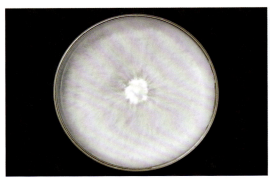 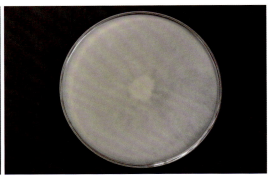

【优异性状】

特抗650是广温型品种，出菇集中、整齐，子实体柄短、肉较厚，菇片大、质优，商品性好；产量高，生物学转化率达200%左右；栽培性状稳定，适应性广，可在广西春、秋、冬季出菇，适合各种农作物及林业废弃物栽培；出菇和转潮快，接种40天左右可出第一潮菇，20天左右转潮。鲜食口感鲜嫩。缺点是出菇包容易形成厚菌皮。

【广西栽培情况】

特抗650是广西秋、冬季主要平菇栽培品种之一，以码垛出菇栽培为主；一般

10~12月接种，11月至翌年1月出菇，年栽培规模约100万包，主要栽培地区遍布广西全区。

适宜培养基配方：杂木屑78%，麦麸20%，石灰1%，石膏1%，含水量60%~65%，pH 6.0~7.5。

11. 姬菇8号

【学名】

Pleurotaceae（侧耳科）*Pleurotus*（侧耳属）*Pleurotus ostreatus*（糙皮侧耳）。

【俗名】

平菇、侧耳、北风菌、冻菌等。

【品种来源】

姬菇8号来源于广西食用菌良种培育中心。

【子实体、菌丝体形态特征】

子实体丛生，菇型圆整；菌盖幼时深灰黑色，渐变为灰色，且随温度的变化而变化（5~20℃灰色至浅灰色，20~30℃灰白色），表面光滑，采收时每丛40~60片（菌袋规格为23cm×45cm），单片农艺性状为鲜重5~20g，菌盖大小为（3.5~10.0）cm×（3.0~8.0）cm，厚0.6~1.5cm；菌柄长1.8~6cm，直径0.7~1.7cm。菌丝体白色，绒毛状，气生菌丝较发达，爬壁能力较强，后期吐黄色水珠，培养皿背面淡黄色。

【生长发育条件】

营养：菌丝生长适宜单糖为葡萄糖、果糖等，适宜复合碳源为杂木屑、甘蔗渣、棉籽壳等农林废弃物，适宜有机氮源为酵母膏、蛋白胨、麦麸、豆粕等。

温度：菌丝生长温度为5~35℃，适宜温度为25~28℃；出菇温度为5~30℃，适宜温度为8~20℃。原基形成和子实体分化不需要温差刺激。

水分：菌丝生长基质的适宜含水量为60%~65%，子实体形成期空气相对湿度为85%~90%。

pH：菌丝生长适宜pH为5.0~6.0。

光照：菌丝生长不需要光照，原基分化需较弱散射光，子实体生长需200lx以上的较强散射光。

空气：菌丝生长、原基的分化和发育都需要充足的氧气。

【优异性状】

姬菇8号是广温型品种，较耐高温，出菇集中、整齐，子实体柄短、肉较厚，菇质优，商品性好；产量高，生物学转化率达200%左右；特抗黄枯病；栽培性状稳定，适应性广，可在广西春、秋、冬季出菇，适合各种农作物及林业废弃物栽培；出菇和转潮快，接种33天左右可出第一潮菇，20天左右转潮，子实体幼时可作姬菇出售，偏大时可作平菇售卖；鲜食口感鲜嫩。

【广西栽培情况】

姬菇8号是广西秋、冬季主要平菇栽培品种之一，以码垛出菇栽培为主；一般9~11月接种，10月至翌年5月出菇，年栽培规模约150万包，主要栽培地区遍布广西全区。

适宜培养基配方：杂木屑78%，麦麸20%，石灰1%，石膏1%，含水量60%~65%，pH 6.0~7.5。

12. 桃红侧耳

【学名】

Pleurotaceae（侧耳科）Pleurotus（侧耳属）Pleurotus djamor（桃红侧耳）。

【俗名】

红平菇。

【品种来源】

桃红侧耳来源于广西南宁市上林县。

【子实体、菌丝体形态特征】

子实体粉色或粉白色；菌盖贝壳形或扇形，边缘内卷或呈波状，直径3～14cm；菌柄一般不明显或很短，长1～2cm，有白色细绒毛；菌褶、菌肉粉红色或近似白色；孢子印带粉红色。在PDA培养基上，菌丝体白色、浓密，有气生菌丝。

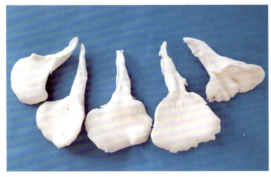

【生长发育条件】

营养：菌丝生长适宜碳源为蔗糖、羧甲基纤维素钠；适宜碳源为蛋白胨、甘氨酸；栽培中主要利用各种富含纤维素、半纤维素、木质素的农副下脚料作为碳源，利用豆饼、麦麸、玉米粉、黄豆粉、米糠等作为氮源。

温度：菌丝生长温度为10～32℃，适宜温度为25～28℃，子实体存活温度为

14~32℃，适宜温度为18~28℃，属中高温型品种。

水分：菌丝培养基含水量以60%~65%为宜，子实体形成及发育阶段空气相对湿度为90%~95%，生长阶段以85%~90%为宜。

pH：菌丝生长阶段pH为4.0~8.0，适宜pH为6.0~7.0。

光照：菌丝生长不需要光照，但子实体的形成和发育需要光照，特别是子实体的分化和发育需要较强的光照，以750~1500lx为宜，光照不足时，子实体色泽暗淡。

空气：菌丝生长阶段需要氧气不多，子实体生长阶段需较大量的通风。

【优异性状】

桃红侧耳是一种适应性很广的木腐菌，和平菇类一样，可利用多种原料，很易栽培。子实体比一般的平菇纤维化程度高，鲜食口感不如一般平菇细嫩，但由于子实体为粉红色或粉色，色泽美观，常作为休闲观光农业品种观赏栽培。

【广西栽培情况】

在广西以墙式袋栽为主，有少量床栽，栽培区域零星分布。

当地推荐培养基配方参见茶39。

13. 秀珍菇842

【学名】

Pleurotaceae（侧耳科）*Pleurotus*（侧耳属）*Pleurotus geesterani*（肺形侧耳）。

【俗名】

珊瑚菇、袖珍菇、秀珍菇、小平菇、珍珠菇、凤尾菇等。

【品种来源】

秀珍菇842来源于广西南宁市西乡塘区可俐村。

【子实体、菌丝体形态特征】

子实体丛生；菌盖呈扇形或近圆形，分化初期呈白色，后逐渐变为茶褐色或灰褐色；菌柄侧生或近中生，白色；菌肉、菌褶白色；孢子印白色。在PDA培养基上，菌丝体白色，纤细绒毛状，气生菌丝发达，菌丝呈辐射状或扇形生长。

【生长发育条件】

生产发育条件与秀珍菇990相似。

【优异性状】

秀珍菇842出菇温度为10～30℃，可以秋、冬、春季栽培出菇，菌丝生长快，不需要温差出菇而且出菇快，菌丝菌龄25天左右可以出菇，转潮也快，产量高，生物学转化率可达100%。菌盖圆整、菇型美观、菌柄细长脆嫩，口感好。

【广西栽培情况】

秀珍菇842在广西以秋、冬季墙式袋栽为主，主要利用自然气温栽培，一般9～10月接种，11月至翌年4月出菇，只有南宁部分地区有少量栽培。

培养基配方参考台秀57。

14. 秀珍菇990

【学名】

Pleurotaceae（侧耳科）*Pleurotus*（侧耳属）*Pleurotus geesterani*（肺形侧耳）。

【俗名】

珊瑚菇、袖珍菇、秀珍菇、小平菇、珍珠菇、凤尾菇等。

【品种来源】

秀珍菇990来源于广西南宁市西乡塘区可俐村。

【子实体、菌丝体形态特征】

子实体丛生或散生；菌盖呈扇形，分化初期呈白色，后逐渐变为茶褐色或灰褐色；菌柄侧生或中生，白色；菌肉、菌褶白色；孢子印白色。在PDA培养基上，菌丝体白色，纤细绒毛状，气生菌丝发达，菌丝呈辐射状或扇形生长。

【生长发育条件】

营养：菌丝最适宜碳源为可溶性淀粉；最适宜氮源为蛋白胨；在生产栽培中，利用棉籽壳、甘蔗渣、桑枝、玉米芯（秆）、木屑等作为碳源，利用麦麸、玉米粉、米糠作为氮源。

温度：菌丝生长温度为5~35℃，适宜温度24~28℃；子实体生长温度为10~30℃，适宜温度为18~25℃。

水分：菌丝生长基质的适宜含水量为60%~70%，子实体形成及发育期间空气相对湿度为90%左右。

pH：菌丝生长阶段pH为4.0~9.0，适宜pH为6.5~7.5，栽培时培养基配制适宜pH为7.5~8.0。

光照：菌丝阶段不需要光照，子实体阶段需要光照，散射光可诱导原基形成和分化。

空气：菌丝生长阶段需要的氧气不多，但子实体阶段则需要有良好的通气条件，如果空气中CO_2浓度高于0.1%，则极易形成菌盖小、菌柄长的畸形菇。

【优异性状】

秀珍菇990出菇温度为8~28℃，可以秋、冬、春季栽培出菇，菌丝生长快，不需要温差出菇而且出菇快，菌丝菌龄25天左右可以出菇，转潮也快，7天左右可以转潮。菌柄脆嫩，口感好，秋、冬季比较受消费者欢迎。

【广西栽培情况】

秀珍菇990在广西全区均有栽培。以秋冬季墙式袋栽为主,主要利用自然气温栽培。一般9~11月接种,12月至翌年3月出菇。

培养基配方参考台秀57。

15. 台秀57

【学名】

Pleurotaceae(侧耳科)*Pleurotus*(侧耳属)*Pleurotus geesterani*(肺形侧耳)。

【俗名】

珊瑚菇、袖珍菇、秀珍菇、小平菇、珍珠菇、凤尾菇等。

【品种来源】

台秀57最初种源引自台湾,本样品采自广西玉林市福绵区。

【子实体、菌丝体形态特征】

子实体单生或散生,与大多数丛生或簇生的平菇不同;菌盖呈扇形、贝壳形,直径一般为2~7cm,分化初期呈白色,后逐渐变为灰色或深灰色,温度高时呈灰白色,温度低时呈灰褐色或棕褐色;菌柄侧生,白色;菌肉、菌褶白色;孢子印白色。在PDA培养基上,菌丝体白色,纤细绒毛状,气生菌丝发达,菌丝呈辐射状或扇形生长。

【生长发育条件】

营养:菌丝生长适宜碳源为可溶性淀粉;适宜氮源为蛋白胨;在生产栽培中,利用棉籽壳、甘蔗渣、桑枝、玉米芯(秆)、木屑等作为碳源,利用麦麸、玉米粉、米糠作为氮源。

温度:菌丝生长温度为7~35℃,适宜温度为27~30℃;子实体生长温度为10~34℃,适宜温度为22~28℃。

水分：菌丝生长基质的适宜含水量为65%，从原基形成至子实体成熟，要求空气相对湿度为85%～90%，空气相对湿度低于70%时，原基产生少，子实体易干萎，空气相对湿度高于95%时，子实体易变软腐烂。

pH：菌丝生长阶段pH为4.0～9.0，适宜pH为6.5～7.5，栽培时培养基配制适宜pH为7.5～8.0。

光照：菌丝生长阶段不需要光照，子实体阶段需要散射光。子实体在500～1000lx光照条件下生长正常，光线过暗，易形成畸形菇，光线过强，特别是直射光，子实体易干枯。

空气：菌丝生长阶段需要的氧气不多，但子实体阶段需要有良好的通气条件，如果空气中CO_2浓度高于0.1%，则极易形成菌盖小、菌柄长的畸形菇。

【优异性状】

秀珍菇与平菇相比，具有更好的食用品质，风味独特，清香浓郁，质地致密脆嫩，菌柄纤维化程度低，口感爽滑，比较受消费者欢迎。台秀57原基形成需要较大的温差刺激，通过温差刺激后能大量整齐现蕾出菇，根据这个特点能进行夏季反季节规模化栽培，不仅可以满足夏季市场需要，还能获得较好的经济效益。台秀57栽培性状稳定，产量高，菇型美观、色泽灰黑色，子实体商品性好。

【广西栽培情况】

以移动式机械打冷进行反季节袋栽为主。广西出菇季节为4～9月。栽培地区主要集中在玉林市、河池市宜州区、贺州市、崇左市龙州县、南宁市上林县等地，其他地区零星种植，广西近年栽培量为2500万～3000万袋/年。

推荐配方如下。

（1）桑枝40%，木屑40%，麸皮15%～18%，石灰1%～2%，轻质碳酸钙1%。

（2）木屑32%～35%，棉籽壳20%，桑枝30%，麸皮15%～20%，石灰1%～2%，轻质碳酸钙1%。

16. 榆黄蘑

【学名】

Pleurotaceae（侧耳科）*Pleurotus*（侧耳属）*Pleurotus citrinopileatus*（榆黄蘑）。

【俗名】

金顶侧耳、金顶蘑、黄金菇、玉皇蘑。

【品种来源】

榆黄蘑来源于广西百色市乐业县。

【子实体、菌丝体形态特征】

榆黄蘑为木腐性食用菌，菌盖淡黄色至金黄色，喇叭形、偏漏斗形、扇形，宽3～12cm；菌肉、菌褶白色至淡黄色；菌柄长3～8cm，偏生或中生；孢子印白色。在PDA培养基上，菌丝体丝状、白色、密集，有气生菌丝，菌丝体后期容易形成白色菌丝团。

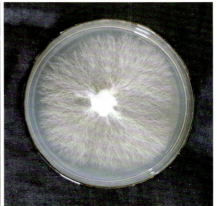

【生长发育条件】

营养：菌丝最适宜碳源为可溶性淀粉；最适宜氮源为蛋白胨；在生产栽培中，利用棉籽壳、甘蔗渣、桑枝、玉米芯（秆）、木屑等作为碳源，利用麦麸、玉米粉、米糠作为氮源。

温度：菌丝生长温度为5～32℃，适宜温度为20～28℃，子实体生长温度为16～28℃，最适温度为22℃，属中高温型品种，出菇无需温差刺激。

水分：菌丝生长基质的适宜含水量为60%～65%，子实体形成及发育阶段空气相对湿度为90%～95%，生长阶段空气相对湿度以85%～90%为宜。

pH：生长阶段pH为4.0～9.0，适宜pH为6.5～7.0，pH在4.0以下或9.0以上出菇困难。

光照：菌丝生长阶段不需要光照，子实体形成和发育需要150～600lx的散射光。

空气：菌丝生长阶段对氧气需求量不高，但子实体分化和发育阶段对氧气需求量较高。

【优异性状】

子实体色泽黄色至金黄色，色泽艳丽，形态优美，气味醇香，质地脆嫩，口感鲜美，且营养丰富，含有蛋白质、脂肪、碳水化合物及多种维生素等营养成分。在百色市特别是乐业县，榆黄蘑是过节必备的美味佳肴。该品种可作为鲜食品种栽培，也可以作为休闲观光农业品种观赏栽培。

【广西栽培情况】

榆黄蘑在广西以墙式袋栽为主，栽培地区主要集中在百色市的乐业县、西林县等西北地区，其他地区零星种植，栽培量为15万～20万袋/年。

当地推荐培养基配方：棉籽壳20%～40%，木屑木糠20%～30%，桑枝（玉米芯、甘蔗渣）20%～30%，麦麸12%～15%，石灰1%。

第二节 香 菇

香菇（*Lentinula edodes*）属于光茸菌科（Omphalotaceae）香菇属（*Lentinula*），又名香蕈、冬菇，是产量仅次于双孢蘑菇的世界第二大人工栽培食用菌。我国是世界上人工栽培香菇的发祥地，也是全球最大的香菇生产与消费国，目前记载有栽培品种120~150个，在我国食用菌产业体系中占有举足轻重的地位，中国食品土畜进出口商会数据显示，2018年香菇出口创汇金额已接近20亿美元。广西幅员辽阔，独特的地理环境和气候条件也为香菇生长创造了条件，广西拥有丰富的香菇种质资源，在西林县、隆林各族自治县、灵川县等地，据当地县志描述，早在民国时期就有专门以采集野生香菇售卖为生的山民。20世纪70年代，桂北融安县、融水苗族自治县一带出现了以椴木砍花法人工栽培香菇的模式。至今，在广西一些偏远山区仍然还有一部分从事香菇椴木栽培的菇农。随着香菇人工栽培技术的不断革新，广西香菇产业得到了飞速发展，广西不断引进新品种、新技术，栽培面积不断扩大。当前广西香菇栽培品种主要有香菇808、庆科20等。2017年，广西香菇总产量达9万t，总产值达8.7亿元，总产量仅次于双孢蘑菇和平菇，是广西第三大栽培食用菌。

1. 庆科20

【学名】

Omphalotaceae（光茸菌科）*Lentinula*（香菇属）*Lentinula edodes*（香菇）。

【俗名】

冬菇、香蕈。

【品种来源】

庆科20引自浙江省庆元县食用菌科研中心。

【子实体、菌丝体形态特征】

子实体偏小，单生，较结实；菌盖淡褐色，半球形至扁平状，直径2~7cm，厚0.5~1.5cm，鳞片较少；菌柄中生，菌柄多上粗下细，长2.8~4.0cm，直径0.8~1.3cm；孢子（4.5~5.5）μm×（2~2.5）μm，无色，椭圆形，光滑。在PDA培养基上，菌丝体白色，绒毛状，气生菌丝较发达，后期有褐色色素。

【生长发育条件】

营养：菌丝生长适宜的碳源为葡萄糖和果糖，其次为麦芽糖和蔗糖；适宜的氮源为酵母膏、蛋白胨等有机氮源。

 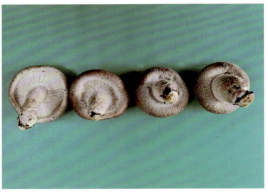

温度：菌丝生长温度为5~32℃，适宜温度为23~26℃；出菇温度为8~22℃，适宜温度为14~18℃。原基形成不需要温差刺激，子实体分化需6~8℃的昼夜温差刺激。

水分：菌丝体生长基质的适宜含水量为60%~65%，子实体形成期空气相对湿度为85%~90%。

pH：菌丝生长适宜pH为5.0~6.0。

光照：菌丝生长不需要光照，原基分化需10lx左右的光照，子实体生长需200~600lx的光照。

空气：菌丝生长、原基的分化和发育都需要充足的氧气。

【优异性状】

庆科20栽培性状稳定、产量高，生物学转化率达110%；品质优，商品性好；抗逆性强，夏季高温不易烂棒；适应性广，厚菇率高，还可用于生产花菇，花菇率可达40%以上；制干菇的折干率达（5.0~6.5）:1［普通菇折干率为（8.0~9.5）:1］；鲜食口感鲜嫩。缺点是菇蕾多，需要疏蕾，菇体偏小，疏蕾和采收均较费工。

【广西栽培情况】

庆科 20 是广西主要香菇栽培品种之一,年栽培规模约 100 万棒,主要分布于桂林市、贺州市、柳州市和河池市。

适宜高棚层架栽培花菇或低棚脱袋栽培普通香菇;在广西一般 2~7 月接种,10 月至翌年 4 月出菇。发菌培养时间 45~60 天,出菇菌龄为 90 天。提高菇棚内光照强度和温度有利于提高菇质。

适宜培养基配方:杂木屑 73%,麦麸 25%,红糖 1%,石膏粉 1%,含水量 60%~65%,pH 4.5~5.5。

2. 香菇 808

【学名】

Omphalotaceae(光茸菌科)*Lentinula*(香菇属)*Lentinula edodes*(香菇)。

【俗名】

冬菇、香蕈。

【品种来源】

香菇 808 引自浙江省丽水市大山菇业研究开发有限公司。

【子实体、菌丝体形态特征】

子实体大个,单生,肉厚、结实;菌盖幼时深褐色,成熟后黄褐色,扁半球形至扁平状,直径 5.0~7.0cm,厚 1.4~2.8cm,平顶或少量下凹,边缘内卷,白色鳞片边缘多、中间少,呈同心环状;菌柄长 3.0~5.0cm,直径 1.5~3.5cm,基部细,中部至顶部膨大，中生；孢子（4.5~5.5）μm×（2~2.5）μm，无色，椭圆形，光滑。在PDA培养基上，菌丝体洁白，气生菌丝较发达；菌落较致密，表面白色，背面初始白色，后期黄白色，随着培养时间延长，分泌红褐色色素。

【生长发育条件】

营养：菌丝生长适宜的碳源为葡萄糖和果糖，其次为麦芽糖和蔗糖；适宜的氮源为酵母膏、蛋白胨等有机氮源。

温度：菌丝生长温度为5~33℃，适宜温度为25℃；出菇温度为11~25℃，适宜温度为16~20℃。子实体分化需6~10℃的昼夜温差刺激。

水分：菌丝体生长基质的适宜含水量为55%~60%，子实体形成期空气相对湿度为85%~90%。

pH：菌丝生长适宜pH为5.0~6.0。

光照：菌丝生长不需要光照，原基分化需50lx左右的光照，子实体生长需200~600lx的光照。

空气：菌丝生长、原基的分化和发育都需要充足的氧气。

 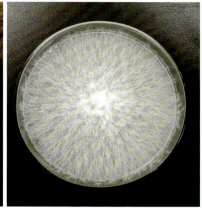

【优异性状】

香菇 808 主要优点是菇体大、厚实、圆整、柄短,卖相好,售价高,质地结实,耐储藏,货架期长,产量较高,生物学转化率达 100%。缺点是菌龄较长,出菇温度偏高,冬菇比例较低。

【广西栽培情况】

香菇 808 在广西栽培较广,桂林市、柳州市、河池市、玉林市、贺州市、百色市等地区均有栽培。适宜低棚脱袋栽培。在广西一般 8~9 月接种,12 月至翌年 4 月出菇。发菌培养时间 40~50 天,出菇菌龄为 110 天。海拔 500m 以上的地区可 5~6 月接种,越夏后出菇。

适宜培养基配方:杂木屑 80%~83%,麦麸 15%~18%,红糖 1%,石膏粉 1%,含水量 55%~60%,pH 4.5~5.5。

第三节 木 耳

木耳类包括了一些有商业开发价值的种类。在真菌分类中,木耳隶属于蘑菇纲木耳目木耳科(Auriculariaceae)木耳属(*Auricularia*)。木耳属中常见栽培种(品种)为黑木耳(*Auricularia heimuer*)和毛木耳(*Auricularia cornea*),毛木耳的变种有紫木耳和白玉木耳等。木耳的栽培品种较多,有云耳、毛木耳、玉木耳等,在生产上大规模栽培的主要为黑木耳和毛木耳。近几年,广西木耳的栽培得到了迅速发展,产量获得了较快增长,2017 年,广西全区木耳(包括黑木耳、毛木耳)产量达到 19.80 万 t,占广西食用菌总产量的 23.50%,在脱贫致富及乡村振兴战略中起到了巨大的推动作用。

1. 川黄耳1号

【学名】

Auriculariaceae（木耳科）*Auricularia*（木耳属）*Auricularia cornea*（毛木耳）。

【俗名】

黄背毛木耳。

【品种来源】

川黄耳1号来源于四川省农业科学院土壤肥料研究所。

【子实体、菌丝体形态特征】

耳片片状，紫褐色，柔软，较厚，较大，直径14.2～26.3cm，厚0.13～0.15cm，无耳基，表面有少量耳脉，腹面绒毛褐色、密、短。子实体单生或簇生，1～9片，耳片边缘齐或波状，耳片幼时棕红色，渐变为棕褐色；菌肉厚度随温度的升高而变薄。菌丝白色，绒毛状，气生菌丝密度一般，爬壁能力不强，母种菌丝培养时间过长，正面接种点易产生淡黄褐色色素，背面产生褐色色素，气生菌丝有时胶质化。

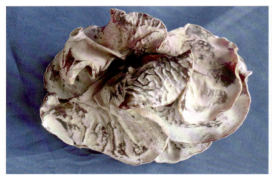 

【生长发育条件】

营养：菌丝生长适宜单糖为葡萄糖、果糖，适宜复合碳源为杂木屑、甘蔗渣、棉籽壳等农林废弃物，适宜有机氮源为酵母膏、蛋白胨、麦麸、豆粕等。

温度：菌丝生长温度为10～35℃，适宜温度为24～28℃；出耳温度为15～30℃，适宜温度为22～28℃。原基形成和子实体分化不需要温差刺激。

水分：菌丝生长基质的适宜含水量为60%～65%，子实体形成期空气相对湿度为85%～90%。

pH：菌丝生长适宜pH为5.0～6.0。

光照：菌丝生长不需要光照，原基分化需较弱散射光，子实体生长需200lx以上的较强散射光。

空气：菌丝生长、原基的分化和发育都需要充足的氧气。

【优异性状】

川黄耳1号是中高温型品种,栽培性状稳定,产量高,生物学转化率达120%;品质优,商品性好;适应性广,可在广西春、夏、秋季出耳,耳片较厚、大,适合各种农作物及林业废弃物栽培;出耳和转潮较快,一般接种70天就可出第一潮耳,25天左右转潮。鲜食口感鲜嫩。缺点是子实体偏软。

【广西栽培情况】

川黄耳1号是广西近几年试种品种,栽培面积较小,在广西适宜春、夏、秋季码垛墙式或地摆出耳栽培;一般10月至翌年5月接种,3月至翌年6月出耳。发菌培养时间40天,出耳菌龄为45天。提高光照强度和降低温度有利于提高耳质。

适宜培养基配方:杂木屑78%,麦麸20%,石灰1%,石膏1%,含水量60%～65%,pH 6.0～7.5。

2. 黑木耳916

【学名】

Auriculariaceae(木耳科)*Auricularia*(木耳属)*Auricularia heimuer*(黑木耳)。

【俗名】

红木耳、光木耳、木耳菇、川耳、黑菜等。

【品种来源】

黑木耳916引自浙江省庆元县。

【子实体、菌丝体形态特征】

子实体单生或丛生,初期呈豆粒状,后逐渐伸展成耳状或菊花状,半透明胶质,黄褐色至深褐色,腹面着生子实层,背面有短绒毛和筋脉,筋脉密度中等。菌丝纤细,菌落白色,气生菌丝不发达,较短且稀疏。菌丝培养初期生长整齐,不产色素,培养后期分泌浅黄色色素。

【生长发育条件】

营养：黑木耳916属腐生型真菌，在自然环境中主要利用已经死亡的树干作为营养基质。菌丝能较好地利用葡萄糖、蔗糖、淀粉、乳糖、纤维素、半纤维素、木质素等碳源，适宜的氮源主要有氨基酸、铵盐和硝酸盐，适量的尿素或硝酸钙对木耳的菌丝生长和子实体形成有利。

温度：黑木耳916属中温型品种，具有耐寒怕热的特性，菌丝最适生长温度为25℃，高温对菌丝生长不利，温度超过35℃即可影响菌丝生长、引起菌种退化，从而影响产量。子实体适宜生长温度为20～28℃。

水分：黑木耳916属喜湿类真菌。不同栽培模式及不同生长发育阶段对水分的要求不同，椴木栽培时要求木头含水量为40%～45%，代料栽培基质要求含水量为60%～70%；催芽阶段空气相对湿度以70%左右最为适宜，子实体生长阶段需要大量水分，空气相对湿度应保持在85%以上。

pH：菌丝喜好在微酸性条件下生长，在pH 4.0～7.5均可生长，当pH为6.0时菌丝长势最好，生长速度最快，pH小于3.0或者大于8.0菌丝不能生长。

【优异性状】

黑木耳916属中温型食用菌，具有耐高温、抗杂力强、产量高的特点。适合南方地区利用冬闲田露天栽培，原料可用杂木屑、木薯秆、桑枝等，适合在广西推广种植。

【广西栽培情况】

黑木耳916是广西冬季黑木耳主栽品种，在桂林市，贺州市，河池市天峨县、南丹县，柳州市融水苗族自治县等地均有大规模种植。栽培模式主要采用冬闲田露天栽培，少部分地区采用塑料大棚出耳管理的栽培模式。

3. 苏毛3号

【学名】

Auriculariaceae（木耳科）*Auricularia*（木耳属）*Auricularia cornea*（毛木耳）。

【俗名】

白背毛木耳。

【品种来源】

苏毛3号来源于江苏省农业科学院蔬菜研究所。

【子实体、菌丝体形态特征】

耳片片状，棕红色至棕褐色，软，较厚，直径7.0～15cm，厚0.15～0.25cm，无耳基，腹面无耳脉，平滑，红褐色，背面绒毛长而密、白色。子实体丛生，2～9片，边缘齐，幼时棕红色，渐变为棕褐色，菌肉厚度随温度的升高而变薄。菌丝白色，绒毛状，母种培养时间过长，正面接种点易产生淡黄褐色色素，背面产生褐色色素，气生菌丝较发达，浓密。

【生长发育条件】

营养：菌丝生长适宜单糖为葡萄糖、果糖，适宜复合碳源为杂木屑、甘蔗渣、棉籽壳等农林废弃物，适宜有机氮源为酵母膏、蛋白胨、麦麸、豆粕等。

温度：菌丝生长温度为10～35℃，适宜温度为25～28℃；出耳温度为12～33℃，适宜温度为20～25℃。原基形成和子实体分化不需要温差刺激。

水分：菌丝生长基质的适宜含水量为60%～65%，子实体形成期空气相对湿度为85%～90%。

pH：菌丝生长适宜pH为5.0～6.0。

光照：菌丝生长不需要光照，原基分化需较弱散射光，子实体生长需200lx以上的较强散射光。

空气：菌丝生长、原基的分化和发育都需要充足的氧气。

 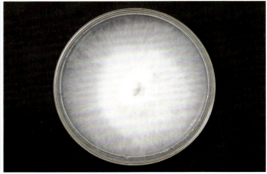

【优异性状】

苏毛3号是中高温型品种，栽培性状稳定，产量高，生物学转化率达150%；品质优，商品性好；适应性广，可在广西春、夏、秋季出耳，耳片较厚、大，适合各种农作物及林业废弃物栽培；出耳和转潮较快，一般接种70天就可出第一潮耳，20天左右转潮。鲜食口感鲜嫩。缺点是子实体偏软，容易烂耳。

【广西栽培情况】

苏毛3号是广西近几年试种品种,栽培面积较小。在广西适宜春、夏、秋季码垛墙式或地摆出耳栽培,一般10月至翌年5月接种,3月至翌年6月出耳。

适宜培养基配方:杂木屑78%,麦麸20%,石灰1%,石膏1%,含水量60%~65%,pH 6.0~7.5。

4. 台毛1号

【学名】

Auriculariaceae(木耳科)*Auricularia*(木耳属)*Auricularia cornea*(毛木耳)。

【俗名】

黄背毛木耳。

【品种来源】

台毛1号来源于台湾。

【子实体、菌丝体形态特征】

耳片片状,棕红色,硬,脆,较薄,较大,直径13.0~26.5cm,厚0.17~0.21cm,几乎无耳基,腹面无耳脉,平滑,紫褐色,背面绒毛长而密、棕色。子实体丛生,1~5片,边缘齐,幼时灰棕色,渐变为棕红色,菌肉厚度随温度的升高而变薄。菌丝白色,绒毛状,气生菌丝浓密,爬壁能力不强,培养时间过长,正面接种点易产生淡黄褐色色素,背面产生褐色色素。

【生长发育条件】

营养:菌丝生长适宜单糖为葡萄糖、果糖,适宜复合碳源为杂木屑、甘蔗渣、棉籽壳等农林废弃物,适宜有机氮源为酵母膏、蛋白胨、麦麸、豆粕等。

温度:菌丝生长温度为10~35℃,适宜温度为25~28℃;出耳温度为10~33℃,适宜温度为18~25℃。原基形成和子实体分化不需要温差刺激。

水分：菌丝生长基质的适宜含水量为60%～65%，子实体形成期空气相对湿度为85%～90%。

pH：菌丝生长适宜pH为5.0～6.0。

光照：菌丝生长不需要光照，原基分化需较弱散射光，子实体生长需200lx以上的较强散射光。

空气：菌丝生长、原基的分化和发育都需要充足的氧气。

【优异性状】

台毛1号是广温型品种，栽培性状稳定，生物学转化率达120%；品质优，商品性好；适应性广，出耳时比较耐低温，可在广西春、夏、秋季出耳，耳片较厚、大，适合各种农作物及林业废弃物栽培；出耳和转潮较快，一般接种70天就可出第一潮耳，20天左右转潮。鲜食口感脆嫩。缺点是子实体产量偏低。

【广西栽培情况】

台毛1号是广西主要毛木耳栽培品种之一，年栽培规模约50万棒，主要分布于广西全区。在广西适宜春、夏、秋季码垛墙式或地摆出耳栽培，一般10月至翌年5月接种，3月至翌年6月出耳。发菌培养时间40天，出耳菌龄为45天。

适宜培养基配方：杂木屑78%，麦麸20%，石灰1%，石膏1%，含水量60%～65%，pH 6.0～7.5。

5. 玉木耳

【学名】

Auriculariaceae（木耳科）*Auricularia*（木耳属）*Auricularia cornea*（毛木耳）。

【俗名】

白木耳。

【品种来源】

玉木耳引自吉林农业大学，样品分离自广西河池市天峨县八腊瑶族乡。

【子实体、菌丝体形态特征】

新鲜的玉木耳呈胶质耳片状,圆边,单片,小碗,无筋;耳片白色、乳白色或乳黄色,晶莹剔透,直径4～12cm,腹面平滑下凹,边缘略上卷,背面凸起,并有纤细的绒毛,干燥后为黄白色,硬而脆性,入水后膨胀,可恢复原状,柔软而半透明,表面附有滑润的黏液。在PDA培养基上,菌丝洁白浓密,辐射状匍匐生长,菌落边缘整齐,气生菌丝多。

【生长发育条件】

营养:菌丝生长适宜碳源为麦芽糖、蔗糖、甘露醇、可溶性淀粉,适宜氮源为酵母膏、牛肉膏,在以尿素为氮源的培养基上菌丝不生长。

温度:玉木耳属中高温型菌类,菌丝在10～36℃均能生长,以28～30℃为宜;在15～32℃条件下均能分化为子实体,而适宜生长温度为20～28℃。在适宜的温度下子实体色白、肉厚;温度高,子实体肉薄且肉质差,颜色偏黄。

水分:菌丝生长基质的适宜含水量为65%～70%。子实体形成时期空气相对湿度保持在90%左右,子实体生长迅速、耳大肉厚,空气相对湿度低于80%,子实体形成迟缓甚至不易形成子实体。

pH:菌丝在pH 4.0～7.0都能正常生长,以pH 5.0～6.5最为适宜。

光照:在黑暗或少量散射光下菌丝均能正常生长,子实体形成和分化需要一定的散射光,黑暗的环境中玉木耳很难形成子实体。

空气:菌丝和子实体生长阶段要有充足的氧气,空气中CO_2浓度不能超过1%,否则会阻碍菌丝生长,子实体呈畸形,出耳期空气要流通,以免造成烂耳,子实体色泽发黄。

【优异性状】

玉木耳色泽洁白,晶莹剔透,温润如玉,朵形美观;耳片肉质,质地柔软,脆滑,有弹性,味道鲜美,可素可荤。玉木耳可以炖、炒、凉拌,特别是凉拌玉木耳,口感嫩滑、爽脆，是夏季一道特色的开胃菜。玉木耳抗杂能力强，生物学转化率高达150%，一般为黑木耳产量的2倍，栽培效益高。

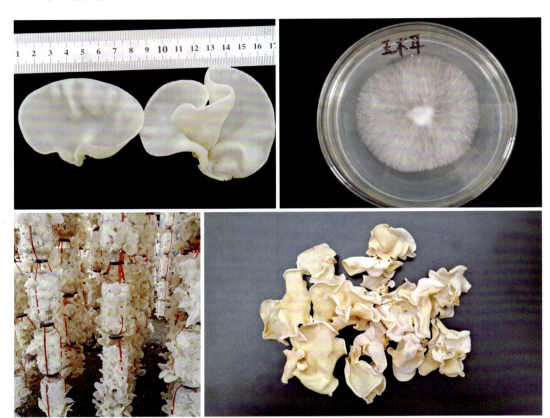

【广西栽培情况】

玉木耳是广西近几年引进推广栽培的食用菌新品种，目前在河池市天峨县、宜州区、南丹县，柳州市，桂林市等地有少量栽培。以袋栽为主，适宜吊袋出耳和地栽立式出耳模式，广西适宜栽培季节为11月至翌年6月。

适宜栽培培养基配方：粗木屑58%，细木屑20%，麦麸20%，轻质碳酸钙1%，石灰1%。

6. 云耳 TY026

【学名】

Auriculariaceae（木耳科）*Auricularia*（木耳属）*Auricularia heimuer*（黑木耳）。

【品种来源】

广西农业科学院微生物研究所科技人员从田林采集野生品种选育，样品采集地为南丹县云耳栽培基地。

【子实体、菌丝体形态特征】

子实体胶质，单生，耳形或不规则形片状，平均大小 6.5cm×4.3cm，平均厚度 1.46mm。子实体黄褐色或浅褐色，透明至半透明，子实层面光滑或略有皱褶，耳基小，耳脉无或很少，胶质含量多，耳片弹性好，子实体边缘不裂，不孕面绒毛明显，不孕面背面纤毛为灰白色，纤毛疏，新鲜时软，干后收缩，出耳周期为55~70天（中早熟）。菌丝洁白，绒毛状，较致密，气生菌丝多，菌落圆形、边缘整齐，分泌黄褐色色素，菌丝生长速度为 9.84mm/天。

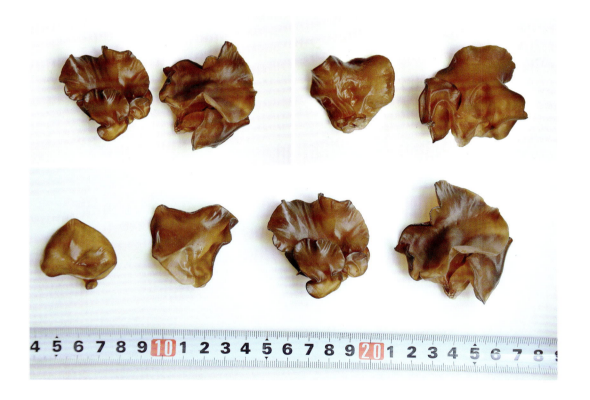

【生长发育条件】

营养：菌丝生长较适宜的碳源为葡萄糖、蔗糖、果糖，乳糖和淀粉不适宜作为碳源；能利用蛋白胨、酵母粉、牛肉膏，不能利用硝酸铵、硝酸钾和硫酸铵。人工栽培时，木屑、蔗渣、棉籽壳、桑枝均可作为碳源利用，麦麸、米糠、玉米粉、黄豆粉、豆粕等可作为氮源。

温度：菌丝生长适宜温度为 25~30℃，子实体发育温度为 23~30℃。

水分：菌丝生长基质的适宜含水量为 65%~70%，子实体分化生长的空气相对湿度为 80%~95%。

pH：菌丝在 pH 4.0~11.0 均能生长，适宜 pH 为 8.0~9.0。

光照：菌丝生长不需要光照，但子实体生长与光照关系密切，光照影响子实体的质量和颜色，在微弱的光照下颜色变浅。

空气：菌丝生长、原基的分化和发育需要充足的氧气，但原基的形成需要一定量的二氧化碳积累。

【优异性状】

云耳TY026为广西百色市本土种质资源选育出的中早熟黑木耳品种，具有耳片厚实、大小适中、脉纹较少、产量较高、品质好、口感柔软滑润等特点，干品强烈收缩，泡发率高达1∶15左右，生物学转化率为120%～140%，经济效益较高，发展潜力巨大。

【广西栽培情况】

广西主要在桂林市、贺州市、柳州市、百色市、河池市等地栽培，南宁市的上林县等冷凉地方也有栽培。适合秋季生产菌包，冬、春季出耳。栽培规模较小。常采用熟料袋栽方法进行栽培，其工艺流程：原料准备→培养基制备→装袋灭菌→冷却接种→培菌管理→刺孔排场→出耳管理→采收。

常用培养基有杂木屑、桑枝粉、麦麸等。栽培袋可用规格为17cm×33cm×0.004cm或15cm×55cm×0.004cm的聚乙烯折角袋。常用配方：①杂木屑78%，麦麸20%，石膏1%，石灰1%；②杂木屑42%，桑枝屑42%，麦麸15%，石膏0.5%，石灰0.5%。灭菌时温度在4h内升到100℃后保持12～16h。接种按无菌操作规程进行；短袋直接在袋口接种，长袋在袋身打孔（3～4个）接种，菌丝长满菌袋，菌丝生理成熟时进行刺孔，刺孔数量短袋每袋80～100个，长袋每袋150～200个，孔径约0.4cm，孔深约0.5cm。待菌棒多数刺孔口有耳基形成，且气温稳定在22℃以下时进行排场。排场后2～3天，开始进行水分管理。出耳管理以"干干湿湿"的管理方式为主，当耳片舒展、耳根收缩变细时表明木耳成熟可采收。

7. 漳耳 43-28

【学名】

Auriculariaceae（木耳科）*Auricularia*（木耳属）*Auricularia cornea*（毛木耳）。

【俗名】

白背毛木耳。

【品种来源】

漳耳 43-28 来源于漳州市农业科学研究所，是从台湾引进的白背毛木耳 43 中，经过组织分离、多次纯化、筛选育成的白背毛木耳品种。

【子实体、菌丝体形态特征】

子实体单生或簇生，片状，直径 8.0～30.0cm，厚 0.17～0.21cm，1～9 片，边缘齐。几乎无耳基，腹面紫褐色，少耳脉，背面白色，晒干后背面纤毛白，子实层面黑，黑白明显；幼时棕灰色，渐变为褐色，菌肉厚度随温度的升高而变薄。菌丝白色，绒毛状，气生菌丝密度一般，爬壁能力不强，母种培养时间长，正面接种点易产生淡黄褐色色素，背面产生褐色色素，气生菌丝不发达，浓密，有时胶质化。

【生长发育条件】

营养：菌丝生长适宜单糖为葡萄糖、果糖，适宜复合碳源为杂木屑、甘蔗渣、棉籽壳等农林废弃物，适宜有机氮源为酵母膏、蛋白胨、麦麸、豆粕等。

温度：菌丝生长温度为10～35℃，适宜温度为25～28℃；出耳温度为10～33℃，适宜温度为18～23℃。原基形成和子实体分化不需要温差刺激。

水分：菌丝生长基质的适宜含水量为60%～65%，子实体形成期空气相对湿度为85%～90%。

pH：菌丝生长适宜pH为5.0～6.0。

光照：菌丝生长不需要光照，原基分化需较弱散射光，子实体生长需200lx以上的较强散射光。

空气：菌丝生长、原基的分化和发育都需要充足的氧气。

【优异性状】

漳耳43-28是中高温型品种，栽培性状稳定，产量高，生物学转化率达150%；品质优，商品性好；适应性广，可在广西春、夏、秋季出耳，耳片较厚、大，适合各种农作物及林业废弃物栽培；出耳和转潮较快，一般接种70天就可出第一潮耳，20天左右转潮。鲜食口感鲜嫩。缺点是子实体偏软。

【广西栽培情况】

漳耳43-28是广西近几年毛木耳栽培品种之一，年栽培规模约50万棒，分布于广西全区。在广西适宜春、秋季码垛墙式或地摆出耳栽培，一般3～7月和10～12月接种，2月和10月出耳。

适宜培养基配方：杂木屑78%，麦麸20%，石灰1%，石膏1%，含水量60%～65%，pH 6.0～7.5。

第四节 珍稀类

20世纪70年代末到80年代中后期，广西是全国少数几个食用菌生产基地省区之一，传统栽培的品种主要有双孢蘑菇、香菇、木耳（包括黑木耳和毛木耳）、平菇、草菇、金针菇六大类食用菌。因此，习惯将六大类传统食用菌品种以外的食用菌品种称为珍稀食用菌。2000年以前，广西人工栽培的珍稀食用菌品种少，规模也小，仅有茶树菇、灵芝等少数品种。其中，茶树菇于1980年由玉林市微生物研究所首次栽培成功，是较早栽培的珍稀食用菌品种之一。进入21世纪，广西珍稀食用菌栽培品种数量得到极大丰富。至2018年，广西栽培的珍稀食用菌品种增加至20多个，包括茶树菇、杏鲍菇、海鲜菇、竹荪、灵芝、茯苓、鸡腿菇、金福菇、姬松茸、猴头菇、银耳、黑皮鸡枞、大球盖菇、羊肚菌、虫草、桑黄、猪肚菇、鲍鱼菇、黄伞、灰树花、虎奶菇等。同一品种中引进栽培的菌株数量也不断增多，如栽培的茶树菇菌株有茶薪菇、茶树菇-2、茶树菇-9、杨树菇5号、杨树菇3号等，鸡腿菇菌株有鸡腿菇CC973、特白2004、农科CC2、特白1号、纯白2003、鸡腿菇CC173、9201、特白36等，金福菇菌株有桂菌Tg-505、桂菌Tg-508、玉金1号、玉金2号、玉金19号等，猴头菇菌株有猴杰1号、猴头4903、猴头王、常山猴头等。近年来，广西珍稀食用菌发展迅速，栽培规模不断扩大。2017年，广西珍稀食用菌总产量达20万t以上，占全区食用菌总产量的近24%。近两年，又引进了黑皮鸡枞、羊肚菌等新品种，这些品种得到了迅速推广栽培。总之，珍稀食用菌品种引进和推广栽培在增加广西夏季高温栽培品种、改善广西食用菌品种结构、促进广西食用菌产业健康发展方面发挥着越来越重要的作用。

1. 鲍鱼菇

【学名】

Pleurotaceae（侧耳科）*Pleurotus*（侧耳属）*Pleurotus cystidiosus*（盖囊侧耳）。

【俗名】

台湾平菇、黑鲍菇。

【品种来源】

鲍鱼菇采自广西南宁市横县马岭镇双平村。

【子实体、菌丝体形态特征】

子实体单生或丛生，扇形至平展，表面光滑、边缘初内卷，后平展；菌盖初期为黑色，成熟后呈灰黑色或黑褐色，最后变为暗灰色或棕褐色，直径3～25cm；菌肉肥厚，厚5～15mm，淡黄色；菌褶延生，长短不一，有横脉，乳白色至浅黄色，有暗褐色边缘；菌柄中偏生，粗短，长2～5cm，直径1～3cm，实心，质地致密，灰黑色；孢子印乳白色。在PDA培养皿、试管上，菌丝体白色，气生菌丝旺盛，菌丝后期容易形成白色孢子梗束，孢子梗顶端易分泌无色液体，液体后期逐渐变为黑色，温度越低越容易产生黑色孢子液。

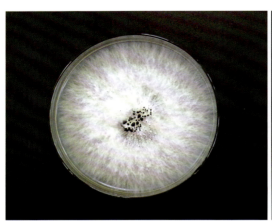
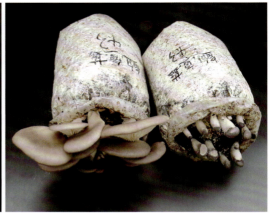

【生长发育条件】

营养：菌丝生长适宜碳源为甘露醇、果糖，适宜氮源为酵母膏、蛋白胨。栽培时，可利用各种富含纤维素、木质素的农副下脚料，如木屑、棉籽壳、玉米芯、稻草等，配料中加25%～40%的阔叶树木屑效果较好。

温度：菌丝生长温度为15～35℃，适宜温度为26～30℃，温度低容易产生黑色孢子液；子实体原基分化和发育温度为15～35℃，适宜温度为25～30℃。

水分：菌丝生长基质的适宜含水量为60%～65%，菌丝生长阶段空气相对湿度为60%～70%；子实体形成及发育期空气相对湿度为85%～90%。

pH：菌丝在pH 5.0～8.0均能正常生长，适宜pH为6.0～7.5，栽培中培养基pH为6.0～7.0较适宜。

光照：菌丝生长不需要光照，子实体分化和发育需要散射光，子实体生长需200～500lx散射光。散射光越弱，子实体色泽越浅，散射光越强，子实体色泽越深。

空气：菌丝和子实体生长阶段要保证新鲜空气供给，出菇期通风不良，菇蕾生长慢，菌柄细长，菌盖小，菇扭曲畸形。

【优异性状】

鲍鱼菇是适合夏季栽培的高温型品种，菌盖肉质肥厚，菌柄粗壮，脆嫩爽口，具有明显的鲍鱼风味，受消费者欢迎；子实体组织致密，结实，较耐储运。

【广西栽培情况】

鲍鱼菇在广西桂林市、南宁市、柳州市等地有少量栽培。在广西以棚架袋栽为主。一般4~11月栽培、出菇。发菌培养40~50天即可出菇。

当地推荐培养基配方：棉籽壳30%，杂木屑20%，桑枝28%，麦麸20%，石膏1%，石灰1%；或甘蔗渣30%，玉米芯20%，桑枝28%，麦麸20%，石膏1%，石灰1%。

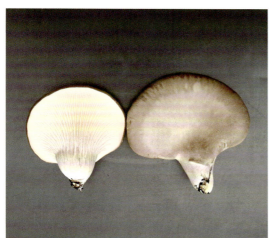 

2. 茶薪菇1号

【学名】

Strophariaceae（球盖菇科）Agrocybe（田头菇属）Agrocybe cylindracea（茶薪菇）。

【俗名】

柱状田头菇、杨树菇、茶树菇。

【品种来源】

茶薪菇1号采自广西玉林市玉州区南江街道云良村。

【子实体、菌丝体形态特征】

子实体单生或丛生；菌盖呈伞状，边缘内卷，直径2~4cm，成熟后，菌盖展开，直径3~10cm，呈茶褐色或土黄色；菌肉灰白色；菌褶片状，细密，直生，初期为白色，成熟后为褐色；菌柄长5~15cm，直径5~20mm，近圆柱状，直立或弯曲生长，实心，纤维质，脆嫩，菌柄表面有纤维状条纹，近黄白色，基部灰褐色；菌环膜质，生于菌柄上部；孢子印锈褐色。在PDA培养基上，菌丝呈匍匐丝状生长，白色浓密，整齐，粗壮，气生菌丝较浓，后期菌丝转为茶褐色或褐色。

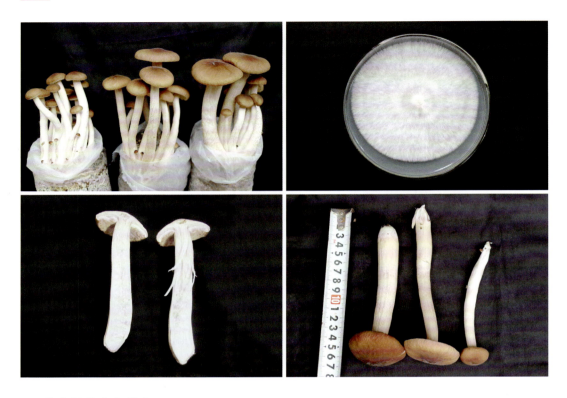

【生长发育条件】

营养：菌丝生长适宜碳源为麦芽糖、蔗糖、甘露醇、可溶性淀粉，适宜氮源为蛋白胨、牛肉膏。茶薪菇利用木质素的能力较弱，利用蛋白质的能力较强，在栽培料中适当增加氮源（麸皮、米糠、玉米粉等）的比例有利于提高产量。

温度：菌丝生长温度为10~33℃，适宜温度为25~27℃。子实体发育温度为18~25℃，20℃左右子实体最易形成且出菇品质好，出菇不需变温刺激。

水分：菌丝生长基质的适宜含水量为60%~65%，菌丝生长阶段空气相对湿度不超过70%，子实体形成及发育期间空气相对湿度为85%~90%。

pH：菌丝在pH 4.5~7.5均能正常生长，适宜pH为5.5~6.0。

光照：菌丝生长不需要光照，子实体有明显向光性，原基形成和分化需要一定的散射光，子实体生长需300~800lx散射光。

空气：菌丝和子实体生长阶段要保证新鲜空气供给，但子实体生长阶段适当减少通风，稍高的二氧化碳浓度有利于菌柄生长，从而提高产量。

【优异性状】

茶薪菇1号营养丰富，盖肥柄脆，鲜食清脆爽口、味道鲜美，制干菇风味独特，香味浓郁，味美香甜。该品种比一般的茶薪菇品种耐高温2~3℃，菌盖肉厚，菌柄粗壮、长、脆嫩，产量高。

【广西栽培情况】

茶薪菇1号在广西南宁市、玉林市、柳州市、桂林市、北海市等地均有少量栽培，广西栽培量为80万~100万棒。茶树菇1号在广西主要利用山洞、地下室、防空洞等进行栽培，以袋栽为主；栽培时间一般为11月至翌年4月。

当地适宜培养基配方：棉籽壳44%，杂木屑15%，玉米芯15%，麦麸20%，玉米粉5%，轻质碳酸钙1%。

3. 大杯蕈

【学名】

Pleurotaceae（侧耳科）*Pleurotus*（侧耳属）*Pleurotus giganteus*（巨大侧耳）。

【俗名】

大杯伞、猪肚菇、大杯香菇、巨大香菇、巨大韧伞、大斗菇等。

【品种来源】

大杯蕈采自广西南宁市兴宁区五塘镇。

【子实体、菌丝体形态特征】

子实体群生或单生，少有丛生；菌盖灰色、黄棕色或灰褐色，呈漏斗状至杯碗状，直径4~25cm；菌褶、菌肉白色、厚实，菌肉厚5~25mm；菌柄长6~15cm，直径0.8~3cm，中生或稀偏生，实心，圆柱形或倒圆锥形；孢子印白色，孢子近球形至椭圆形。在PDA培养基上，菌丝白色，呈放射状、丝状生长，生长迅速，常有同心环纹出现，菌丝生长后期，紧贴培养基表面长出短密有粉质感的气生菌丝，出现这种菌丝后很快即形成子实体。

【生长发育条件】

营养：菌丝生长适宜碳源为麦芽糖、蔗糖、可溶性淀粉、果糖，适宜氮源为蛋白胨、牛肉膏、酵母膏，不能利用硝态氮、尿素。人工栽培时，木屑、蔗渣、棉籽壳、

稻草、桑枝均可作为碳源利用，麦麸、米糠、玉米粉、黄豆粉、豆粕等可作为氮源。

温度：菌丝生长温度为15～34℃，适宜温度为26～28℃。子实体发育温度为23～30℃。

水分：菌丝生长基质的适宜含水量为60%～65%，子实体分化生长的适宜空气相对湿度为80%～95%。

pH：pH 4.0以下，菌丝不生长；pH 5.0～8.0，菌丝生长迅速、洁白，并很快形成子实体。

光照：菌丝生长无需光照，但子实体生长与光照关系密切，在微弱的光照下原基长成细长棒状，不长菌盖。

空气：菌丝生长、原基的分化和发育需要充足的氧气，但原基的形成需要一定量的二氧化碳积累。

【优异性状】

大杯蕈的特点在于子实体有清脆、爽嫩、鲜美的口感,其菌盖蛋白质含量为25～27g/100g,与金针菇、香菇接近,亮氨酸和异亮氨酸含量也高于一般食用菌。大杯蕈属于中高温型,利于在夏季栽培,可弥补夏季食用菌市场品种单一的不足。出菇快,菌丝培养40～45天可现蕾出菇。

【广西栽培情况】

大杯蕈目前在广西各地有零星栽培,栽培量为10万～15万袋/年。以袋栽袋内覆土或脱袋床栽覆土为主。4～10月出菇。

当地栽培推荐配方:桑枝43%,甘蔗渣20%,木屑20%,麦麸15%,石灰1%,石膏1%。

4. 大球盖菇

【学名】

Strophariaceae(球盖菇科)*Stropharia*(球盖菇属)*Stropharia rugosoannulata*(大球盖菇)。

【俗名】

酒红大球盖菇、皱环大球盖菇、裴氏球盖菇等。

【品种来源】

大球盖菇采自广西桂林市临桂区茶洞镇茶洞村。

【子实体、菌丝体形态特征】

子实体单生或丛生,中等至较大;菌盖直径5～10cm,近半球形,后扁平,初为白色,常有乳头状的小突起,随子实体逐渐长大,变成红褐色或酒红色,老熟后变为褐色或灰褐色,前期有白色纤毛状鳞片,后期逐渐消失;菌肉色白、肉质、肥厚,厚0.5～1.0cm;菌褶直生,密集,初白色,后灰白色,老熟后变褐色或紫黑色;菌柄长

5～15cm，近圆柱形，基部膨大，前期实心，后期空心；孢子印紫褐色。在PDA培养基上，菌丝体白色，浓密，气生菌丝少，匍匐生长，菌落圆形，呈放射状蔓延。

【生长发育条件】

营养：菌丝生长适宜碳源为羧甲基纤维素钠、蔗糖、甘露醇，适宜氮源为甘氨酸、牛肉膏。

温度：菌丝生长温度为10～30℃，适宜温度为25～27℃。子实体发育温度为5～30℃，原基形成所需的适宜温度为12～25℃，温度超过30℃，子实体难形成。

水分：菌丝生长基质含水量为65%～75%，适宜含水量为70%，子实体形成及发育期间空气相对湿度为85%～90%。

pH：菌丝在pH 5.0～8.0均能生长，适宜pH为6.0～6.5。

光照：菌丝生长不需要光照，子实体的形成需要一定的散射光。半遮阴的环境栽培效果最佳，有散射光，菌盖的色泽艳丽，酒红色，而在黑暗条件下，子实体为暗红褐色。

空气：大球盖菇属于好氧性比较强的真菌，菌丝生长和子实体发育均需要充足的氧气。

【优异性状】

大球盖菇色泽艳丽、清香脆甜、肉质嫩滑,菌丝对秸秆、树枝等农林废弃物降解能力强,可采用生料栽培,种植操作简便、种植粗放,可利用冬闲田种植、与冬种作物套种,产量高、成本低、效益好。

【广西栽培情况】

广西南宁市、玉林市、柳州市、桂林市、贺州市、崇左市等地均有少量栽培。大球盖菇在广西以室外生料栽培为主,利用冬闲农田或林地、果园种植,还有少量与冬季马铃薯等作物套种栽培。在广西11月至翌年4月栽培。大球盖菇的培养基可根据不同地方就地取材,稻草、谷壳、玉米秆、甘蔗渣、剑麻渣等均可用于栽培。原料浸水2天,捞起沥干水,即铺料播种栽培。高温天气,原料应经2~3天堆制发酵,翻堆散热后,铺料播种栽培。

5. 黑皮鸡枞1号

【学名】

Physalacriaceae(膨瑚菌科)*Hymenopellis*(膜片菌属)*Hymenopellis raphanipes*(卵孢膜片菌)。

【俗名】

长根菇、卵孢长根菇、二孢拟奥德蘑。

【品种来源】

黑皮鸡枞1号菌株分离自广西龙州北部湾现代农业有限公司栽培的黑皮鸡枞品种。

【子实体、菌丝体形态特征】

子实体较小,群生或丛生,组织脆嫩;菌盖黑色,扁半球形,直径3~6cm,厚

1.0～1.5cm，表面有辐射状皱纹；菌柄基部灰白色，中上部灰黑色至黑色，圆柱状，表面有细毛鳞，基部膨大，长6.0～15.0cm，直径1.0～2.0cm，中生，肉质；孢子（13.0～18.0）μm×（10.0～15.0）μm，无色，卵圆形，光滑。菌丝灰白色，较密，絮状，气生菌丝发达，无色素。

【生长发育条件】

营养：菌丝生长适宜的碳源为纤维二糖、蔗糖、葡萄糖和麦芽糖，适宜的氮源为酵母膏、蛋白胨。

温度：菌丝适宜生长温度为20～30℃；子实体适宜生长温度为25℃左右。

水分：菌丝生长基质的适宜含水量为65%～70%，子实体分化生长的空气相对湿度为85%～95%。

pH：菌丝生长适宜pH为6.0～7.0。

光照：菌丝生长阶段无需光照，子实体生长阶段需50～500lx的散射光。

空气：菌丝生长、原基的分化和发育要求空气清新。

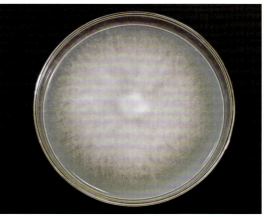

【优异性状】

黑皮鸡枞1号菌肉细嫩，气味浓香，味道鲜美；产量高，生物学转化率达50%以上，抗性强，出菇较整齐。

【广西栽培情况】

黑皮鸡枞1号是近几年才引进广西的珍稀食用菌品种，零星分布于贺州市、崇左市、桂林市、柳州市等地区，栽培面积小，主要采用熟料袋装养菌、脱袋覆土出菇的栽培模式。

栽培配方：①棉籽壳30%，麦皮20%，阔叶树木屑48%，磷酸二氢钾和碳酸钙各1%，含水量68%；②木屑29%，玉米芯29%，麦麸20%，玉米粉10%，豆粕10%，碳酸钙1%，石灰1%，含水量65%。

6. 猴头菇4903

【学名】

Hericiaceae（猴头菌科）*Hericium*（猴头菌属）*Hericium erinaceus*（猴头菇）。

【俗名】

刺猬菌、花菜菌、山伏菌。

【品种来源】

猴头菇4903引自江苏省扬州市江都区天达食用菌研究所，样品采自广西南宁市西乡塘区。

【子实体、菌丝体形态特征】

子实体呈块状，扁半球形或头形，肉质，直径5～10cm，不分枝，基部狭窄或略有短柄，新鲜子实体色泽洁白或淡黄色，缺水或干燥后呈淡黄褐色；菌柄长0.5～3.0cm；菌刺密集下垂，覆盖整个子实体，圆筒形，长0.5～2.0cm，粗1.0～2.0mm，每一根菌刺的表面都布满子实层，子实层上密集生长着担子及囊状体。菌丝在不同培养基上会

有差异，在PDA培养基上，菌丝初时稀疏，呈散射状，后变白、浓密，气生菌丝呈白毛状，后期会形成珊瑚状小原基。

 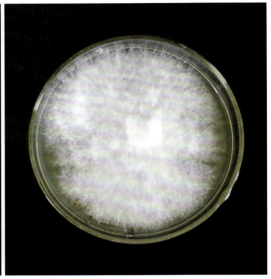

【生长发育条件】

营养：菌丝生长适宜碳源为麦芽糖、可溶性淀粉、甘露醇，适宜氮源为酵母膏、牛肉膏；在生产栽培中，利用棉籽壳、甘蔗渣、桑枝、玉米芯（秆）、木屑等作为碳源，利用麦麸、玉米粉、黄豆粉作为氮源。

温度：菌丝生长温度为10～32℃，适宜温度为20～26℃。子实体发育温度为12～28℃，适宜温度为16～24℃，出菇不需要变温刺激。

水分：菌丝生长基质的适宜含水量为60%～65%，菌丝生长阶段空气相对湿度不超过65%左右，子实体形成及发育期间空气相对湿度为90%左右。

pH：菌丝在pH 4.5～7.5均能正常生长，适宜pH为5.0～6.0。

光照：菌丝生长不需要光照，子实体原基形成和分化需要一定的散射光，光照强度为200～400lx，直射光对子实体生长有抑制作用，且光照太强子实体会呈现粉红色或橘红色。

空气：菌丝生长阶段对氧气要求不高，子实体原基形成和分化对二氧化碳非常敏感，要求空气新鲜。

【优异性状】

猴头菇4903菌丝抗杂能力强；出菇快，菌丝菌龄20天即可以出菇，出菇整齐；转潮快，5～7天转潮；菌刺中等长，个体中等；子实体白色，实心；菇型圆整美观，不容易出现畸形菇。在广西利用桑枝栽培猴头菇，产量高，多糖含量比木屑原料栽培的高。

【广西栽培情况】

猴头菇 4903 在广西南宁市、钦州市、河池市、玉林市、桂林市等地均有少量栽培。在广西适宜利用冬季空闲蚕房地面墙式栽培和层架式栽培，一般 11 月至翌年 1 月接种，25℃下恒温发菌，20~25 天出菇，12 月至翌年 4 月出菇。

当地特色栽培配方：棉籽壳 20%，桑枝 40%，甘蔗渣 17.9%，麦麸 20%，磷酸二氢钾 0.1%，过磷酸钙 1%，轻质碳酸钙 1%；或桑枝 77.9%，麦麸 20%，磷酸二氢钾 0.1%，过磷酸钙 1%，轻质碳酸钙 1%。

7. 虎奶菇非洲虎 1 号

【学名】

Pleurotaceae（侧耳科）*Pleurotus*（侧耳属）*Pleurotus tuber-regium*（具核侧耳）。

【俗名】

虎奶菌、南洋茯苓、茯苓侧耳、菌核侧耳、核耳菇等。

【品种来源】

虎奶菇非洲虎 1 号引自江西省。

【子实体、菌丝体形态特征】

子实体单生或丛生；菌盖直径 10.0~20.0cm，漏斗形或杯形，后期平展中央下凹，菌肉韧，后期渐变革质，菌盖灰色至黄棕色，上有翘起小鳞片，边缘内卷；菌柄（3.5~15.0）cm×（0.5~3.5）cm，中生，圆柱形，实心。孢子印白色。菌丝洁白粗壮，气生菌丝较发达，直径 1.5~7.0μm，具明显的锁状联合。

【生长发育条件】

营养：菌丝在葡萄糖培养基上长势最好，生长速度最快，其次为玉米粉、蔗糖、麦芽糖培养基，在乳糖、半乳糖、木糖、甘露醇培养基上长势差。

温度：菌丝在20～40℃培养均可生长，35℃培养时长势最好，菌丝粗壮浓密，生长速度达到12.05mm/天。

水分：在含水量50%～70%的培养基中均能较好生长。当培养基含水量为70%时，菌丝平均日生长速度最快。

pH：培养基初始pH 4.0～9.0菌丝均可生长，当pH为6.5时菌丝长势最好，生长速度最快。

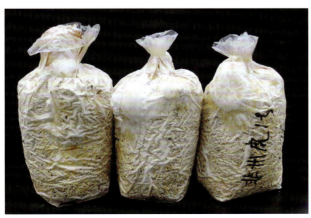

光照：菌丝生长不需要光照，子实体形成需要光照刺激，菌核在黑暗条件下也可以形成。

【优异性状】

虎奶菇非洲虎1号属高温型食用菌，一年四季均可栽培，以夏、秋高温季节最为适合。菌丝抗杂能力强，适用的栽培原料广，具有较好的药用价值，适合在广西推广种植。

【广西栽培情况】

目前广西还未有大面积栽培，仅在南丹县、武鸣区等地有少量试种。

8. 滑子菇

【学名】

Strophariaceae（球盖菇科）*Pholiota*（鳞伞属）*Pholiota microspora*（小孢黄伞）。

【俗名】

滑菇、珍珠菇、滑子蘑、光帽鳞伞。

【品种来源】

滑子菇采自广西来宾市金秀瑶族自治县金秀镇，该品种由当地的野生菇栽培驯化而得。

【子实体、菌丝体形态特征】

子实体丛生；菌盖初期扁半球形，直径2.5～4.0cm，后期近平展，直径3.0～8.0cm，初期呈红褐色、金黄色，后期黄褐色至浅黄色，中部色深，表面平滑、有一层黏液；菌肉黄白色，近表皮下带黄褐色；菌柄长3.0～8.0cm，柱形，中生，附有黄褐色鳞片；菌褶直生，不等长，密集，初期乳黄色，成熟后黄褐色。在PDA培养基上，菌丝初呈白色，后变为奶油黄色，后期会分泌黄褐色色素，丝状或辐射状，整齐舒展，粗壮，致密，生长稍慢。

【生长发育条件】

营养：菌丝生长适宜的碳源为果糖、麦芽糖、甘露醇，适宜氮源为酵母膏、牛肉膏；栽培中，主要利用各种富含纤维素、半纤维素、木质素的农副下脚料，如木屑、棉籽壳等。

温度：菌丝生长温度为5～32℃，最适温度为25℃。子实体发育温度为4～20℃，适宜温度为15～20℃。

水分：菌丝生长基质的适宜含水量为60%～65%，菌丝生长要求空气相对湿度为60%～65%，子实体形成及发育期间空气相对湿度为85%～90%。

pH：菌丝在pH 4.5～8.5均能生长，适宜pH为5.0～6.5，培养基pH为6.0～6.5较适宜。

光照：菌丝生长无需光照，子实体有明显向光性，原基形成和分化需要一定的散射光，一般要求光照强度为300～500lx。

空气：菌丝和子实体生长阶段需要新鲜空气；出菇期若通风不良，则菇蕾生长慢，菌柄细长，菌盖小，易开伞或不出菇。

【优异性状】

滑子菇栽培性状稳定，60天菌龄出菇，子实体丛生密集，出菇整齐，产量高，生物学转化率可达150%～180%；商品性极佳，烘干后干品香味浓郁；滑子菇属于低温品种，只适合在广西低温地区及海拔较高的区域栽培或进行有设施条件的工厂化栽培。

【广西栽培情况】

滑子菇是低温品种，只在桂北、桂中金秀一带有少量栽培。在广西适合利用高棚层架袋栽，一般8～9月接种，11月至翌年4月出菇。

适宜培养基配方：杂木屑73%，麦麸25%，红糖1%，石膏粉1%。

9. 黄伞1号（黄柳菇）

【学名】

Strophariaceae（球盖菇科）*Pholiota*（鳞伞属）*Pholiota adiposa*（黄伞）。

【俗名】

黄柳菇、多脂鳞伞、柳蘑、黄蘑、柳松菇等。

【品种来源】

黄伞1号种源来源于福建省三明市食用菌研究所，样品采集自广西南宁市西乡塘区。

【子实体、菌丝体形态特征】

子实体单生或丛生，幼时呈浅褐色，成熟后变为金黄色至浅黄褐色，湿度过大时呈褐色；菌盖幼时为椭圆形或圆形，直径2.0～4.0cm，后渐平展成半球形或伞状，直径4.0～10.0cm，菌盖表面多有黏液，鳞片黄褐色，湿度大时为黑褐色；菌肉白色或淡黄色；菌柄谷黄色，粗短，长4.0～7.0cm，直径0.5～1.5cm，内实，成熟后变中空，纤维质，表面有灰黄色鳞片；菌褶污黄色，直生；菌环谷黄色，毛状，有明显菌

膜。孢子印土锈色。在PDA培养基上，菌丝呈丝绒毛状，气生菌丝不发达，初期呈白色，中后期呈米黄色，菌丝形成分生孢子，分泌黄色或褐色色素，故菌丝培养基呈黄褐色。

【生长发育条件】

营养：菌丝生长适宜的碳源以葡萄糖、果糖较好，适宜氮源为酵母膏、蛋白胨；人工栽培时，可利用多种原料，杂木屑、棉籽壳、作物秸秆、花生壳及许多农业下脚料都可以作为培养基。黄伞1号蛋白酶活性较高，适当偏多的氮源有助于菌丝生长和提高产量，以添加玉米粉较为理想。

温度：菌丝生长温度为5～33℃，适宜温度为20～25℃。子实体发育温度为10～25℃，适宜温度为15～18℃。

水分：菌丝体生长基质的适宜含水量为65%左右较好，子实体生长发育的空气相对湿度为85%～90%。

pH：菌丝在pH 5.0～8.0时均能正常生长，其中以pH 6.0～7.0较为理想。

光照：菌丝生长无需光照，光照会引起菌丝分泌色素，但子实体分化和发育阶段需要一定的散射光，光照强度为300～1500lx。

空气：菌丝生长、原基的分化和发育需要充足的氧气，但原基的形成需要一定量的二氧化碳积累。

【优异性状】

黄伞类食用菌菌盖上有一种特殊的黏液，生化分析为一种核酸，对人体精力、脑力的恢复有良好效果。黄伞1号菌柄粗短，长4.0～7.0cm，谷黄色，脆嫩；菌盖褐色，鳞片较多，肉质肥厚，嫩滑。营养丰富，味道鲜美，干品呈金黄色或谷黄色，香味浓郁。

【广西栽培情况】

黄伞 1 号在广西有少量零星栽培。广西适宜栽培季节为 12 月至翌年 4 月。以室内墙式袋栽两头出菇和层架式香菇式孔穴出菇模式为主。

推荐配方：杂木屑 36%，棉籽壳 36%，麸皮 20%，玉米粉 5%，糖 2%，碳酸钙（或石膏）1%，含水量 65%，pH 6.5。

10. 黄伞 2 号（翘鳞伞）

【学名】

Strophariaceae（球盖菇科）*Pholiota*（鳞伞属）*Pholiota adiposa*（黄伞）。

【俗名】

翘鳞伞、翘鳞环锈伞等。

【品种来源】

黄伞 2 号采自广西河池市宜州区。

【子实体、菌丝体形态特征】

子实体丛生；菌盖幼时扁半球形，边缘常内卷，后渐平展，幼时褐色，成熟后变为金黄色至黄褐色，菌盖表面多有黏液；菌盖、菌柄上布满似三角形鳞片，鳞片末端呈白色，随子实体的成熟，末端白色鳞片逐渐变为黄色或黄褐色；菌肉白色至淡黄色；菌褶黄色至锈色，直生或近弯生，不等长；菌柄圆柱形，长 5~20cm，与菌盖同色，有反卷的鳞片，纤维质，内实；菌环淡黄色，膜质，易脱落，生于菌柄上部；孢子印锈褐色。在 PDA 培养基上，菌丝白色，丝绒毛状，浓密，有气生菌丝，初期呈白色，中后期呈米黄色。

【生长发育条件】

营养：菌丝生长的适宜碳源为蔗糖、果糖，适宜氮源为酵母膏、蛋白胨、甘氨酸；人工栽培时，木屑、蔗渣、棉籽壳、稻草、桑枝均可作为碳源利用，麦麸、米糠、玉米粉、黄豆粉、豆粕等可作为氮源，培养基的碳氮比为（20～30）:1。

温度：菌丝生长温度为5～33℃，适宜温度为24～27℃。子实体适宜发育温度为18～20℃。

水分：菌丝生长基质的适宜含水量为60%左右，子实体生长适宜的空气相对湿度为80%～85%。

pH：菌丝在pH 5.0～8.0的条件下均能生长，在pH为6.0的弱酸性环境中生长最好。

光照：菌丝生长阶段不需要光照，较强光照能抑制菌丝生长。菌丝生长后期、子实体分化和发育阶段要有一定的散射光。

空气：菌丝生长、原基的分化和发育需要适量氧气，子实体发育过程中若通风不良，则菌柄较长。

【优异性状】

黄伞2号色泽鲜亮，为金黄色或棕黄色，干品呈金黄色，香味浓郁；菌柄较长，长5～20cm，菌柄犹如茶薪菇菌柄的脆嫩，菌盖脆滑，出菇子实体菇蕾多丛生，比一般的黄伞产量高。

【广西栽培情况】

黄伞2号在广西有零星栽培。广西适宜栽培季节为12月至翌年4月，以室内墙式袋栽两头出菇和层架式香菇式孔穴出菇模式为主。

推荐配方：杂木屑30%，桑枝43%，麸皮20%，玉米粉5%，黄糖1%，碳酸钙（或石膏）1%。

11. 鸡腿菇特白 1 号

【学名】

Agaricaceae（蘑菇科）Coprinus（鬼伞属）Coprinus comatus（鸡腿蘑）。

【俗名】

毛头鬼伞、鸡腿蘑。

【品种来源】

鸡腿菇特白 1 号采自广西柳州市柳北区沙塘镇。

【子实体、菌丝体形态特征】

子实体单生、丛生或群生，菇蕾期呈圆筒状，顶部初为白色，后为淡土黄色；菌盖初期呈圆柱状，逐渐脱离菌柄，呈椭圆形或钟状，白色或浅黄白色，有白色鳞片；菌肉白色；菌褶初为白色，密集，成熟后黄褐色，后变灰色至黑色。在 PDA 培养基上，菌丝初呈灰白色，丝状，稍稀疏，生长较快，后期会分泌黄褐色色素。

 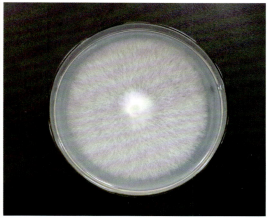

【生长发育条件】

营养：菌丝生长适宜碳源为蔗糖、麦芽糖、甘露醇；适宜氮源为蛋白胨、牛肉膏；栽培中，各种农作物秸秆、棉籽壳、废棉、玉米芯等可作为碳源，麸皮、玉米粉等可作为氮源。

温度：菌丝生长温度为 5～35℃，适宜温度为 25～30℃。子实体发育温度为 10～28℃，适宜温度为 18～22℃。

水分：菌丝生长基质的适宜含水量为 60%～65%，袋栽菌丝生长要求空气相对湿度为 60%～65%；床栽时，发菌期间空气相对湿度为 75%～80%。子实体生长阶段，土层应经常保持湿润，但不能有积水。子实体要求最佳空气相对湿度为 85%。

pH：菌丝在 pH 5.0～8.5 均能生长，适宜 pH 为 6.5～7.0，栽培时培养基 pH 为 7.0

左右较适宜。

光照：菌丝生长不需要光照，子实体有明显向光性，原基形成和分化需要一定的散射光。一定的散射光可促使子实体嫩白、粗壮、结实；但光照过强，子实体质地差、干燥、色泽黄。

空气：菌丝和子实体生长阶段要保证新鲜空气供给，出菇期若通风不良，则菇蕾生长慢，菌柄细长，菌盖上容易形成褐色斑点。

【优异性状】

鸡腿菇特白1号菇体洁白，鳞片少，个体均匀，美观，肉质细腻，口感滑嫩，清香味美；产量高，生物学转化率达150%，抗杂能力强，可以熟料和发酵料栽培，可利用各种秸秆，农业生产和工业生产的下脚料、废料，或草菇、杏鲍菇、金针菇菌糠，栽培技术简单易行，产量高、效益好。

【广西栽培情况】

鸡腿菇特白1号在广西各地有少量栽培，以熟料代料栽培为主，发酵料床栽培、冬春季节与农作物套种为辅。广西适宜栽培的季节为11月至翌年4月。

主要栽培原料：稻草、棉籽壳、玉米芯、玉米秆、废棉等。

12. 金福菇 Tg505

【学名】

Tricholomataceae（口蘑科）*Macrocybe*（大伞属）*Macrocybe gigantea*（巨大大伞菌）。

【俗名】

洛巴伊口蘑、洛巴口蘑、大口蘑。

【品种来源】

金福菇 Tg505 来源于广西农业科学院微生物研究所。

【子实体、菌丝体形态特征】

子实体近白色,丛生;菌盖初半球形或扁半球形,后渐扁半或中部稍下凹,直径 3.0~20.0cm,厚 1.0~2.5cm;菌褶密集,不等长;菌柄粗大,圆柱形,有时略弯曲,长 10.0~46.0cm,上被纤毛。菌丝洁白,浓密,粗壮,长势较快。

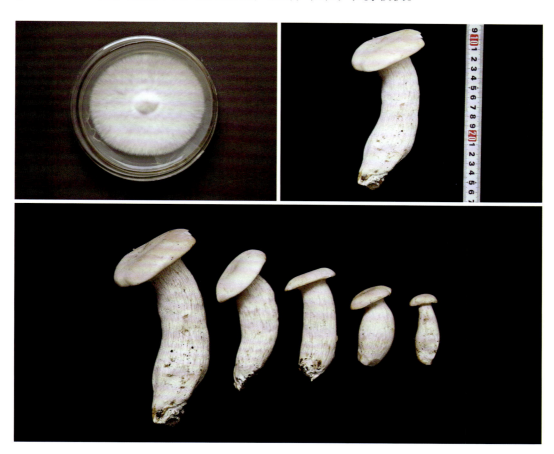

【生长发育条件】

营养:菌丝生长较适宜的碳源为麦芽糖和果糖,不能利用乳糖;在除尿素以外的氮源培养基上都能较好地生长。人工栽培时,蔗渣、棉籽壳、桑枝、稻草、玉米芯等均可作为碳源利用,麦麸、米糠等可作为氮源。

温度:菌丝适宜生长温度为 25~30℃,子实体生长温度为 22~33℃。

水分:菌丝生长基质的适宜含水量为 65%~70%,出菇期适宜的空气相对湿度为 85%~95%。

pH:菌丝在 pH 4.0~9.0 时均能生长,在 pH 6.0~9.0 时生长较快,菌丝洁白、浓密、粗壮。

光照:菌丝生长不需要光照,子实体生长需要散射光,光照影响子实体的质量和颜色，黑暗条件下子实体颜色变白。

空气：好氧，菌丝生长、子实体的分化和发育需要充足的氧气，二氧化碳浓度过高抑制菌盖分化。

覆土：子实体的形成需要覆土。

【优异性状】

金福菇Tg505为高温型食用菌，子实体粗大，产量高。口感清淡，略带杏仁味，不易破损，耐储存，保鲜期长，便于鲜销，是夏栽的优良品种。生物学转化率为80%～125%，抗性较强，栽培管理简单粗放，经济效益较高。

【广西栽培情况】

广西主要在南宁、百色等桂南、桂西南地区栽培，桂北也有少量栽培。2016年栽培总产量为1824t。常采用熟料袋栽方法进行栽培，菌丝长满后进行袋内覆土或畦内脱袋覆土。

13. 羊肚菌贵2

【学名】

Morchellaceae（羊肚菌科）*Morchella*（羊肚菌属）*Morchella esculenta*（羊肚菌）。

【品种来源】

羊肚菌贵2由广西桂林市灵川县种植户从贵州引种而来，为新引进的羊肚菌品种，属于黑色羊肚菌类的梯棱羊肚菌系列。

【子实体、菌丝体形态特征】

子实体个大，单生，高5.0～15.0cm；菌盖黑色，圆锥形，顶端尖，有发达的纵棱，纵棱间有稍小的横棱相连，形成许多不规则凹坑，形似羊肚；菌柄白色，光滑，圆柱状，中空，长3.0～10.0cm，直径为2.0～5.0cm，中生，较脆。菌丝白色至浅灰色，絮状，随菌龄增加呈淡黄色，并产生褐色菌核，气生菌丝发达；子囊孢子无色，椭圆形，平滑。

 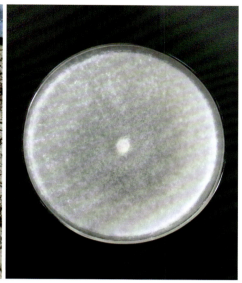

【生长发育条件】

营养：菌丝生长适宜的碳源为可溶性淀粉、果糖、麦芽糖、蔗糖和葡萄糖，适宜的氮源为天冬氨酸、尿素、铵盐、丙氨酸等。

温度：菌丝适宜生长温度为18～22℃，子实体适宜生长温度为12～20℃，10℃以上的温差有利于子实体形成。

水分：菌丝生长基质的适宜含水量为60%～65%，子实体生长土壤的适宜含水量为45%～60%，适宜空气相对湿度为75%～90%。

pH：菌丝生长适宜pH为7.0～7.5。

光照：菌丝生长阶段无需光照，子实体发生需要400～800lx的散射光照。

空气：菌丝生长、子实体的分化和发育都需要充足的氧气。

【优异性状】

羊肚菌贵2营养丰富，味道鲜美，是世界公认的一种珍贵、稀有的食药用真菌，在欧洲被认为是仅次于块菌的美味食用菌。子实体个大，质优，商品性好，产量高。

【广西栽培情况】

羊肚菌贵2是广西近两年引进栽培的食用菌新品种，目前在全区各地如桂林市全州县、灵川县，来宾市，南宁市宾阳县，百色市等有少量试验栽培。主要采用稻菇轮作的栽培模式，即水稻收割后，将稻田翻耕后直接撒播羊肚菌菌种，待菌丝爬土后再放置营养包出菇。

栽培种培养基配方：杂木屑60%，小麦25%，生石灰1%～2%，石膏粉1.5%，腐殖质土10%。营养包原料配方：玉米芯40%，小麦20%，谷壳25%，生石灰1%～2%，石膏粉1.5%，腐殖质土10%。

14. 竹荪古优 1 号

【学名】

Phallaceae（鬼笔科）*Phallus*（竹荪属）*Phallus indusiatus*（长裙竹荪）。

【俗名】

竹参、竹花、竹松、仙人笼、鬼打伞等。

【品种来源】

竹荪古优 1 号引自福建省古田县。

【子实体、菌丝体形态特征】

子实体由菌托、菌柄、菌裙、菌盖 4 部分组成；菌柄圆柱状，中空，白色，长 4.0～25.0cm，直径 2.5～4.0cm；菌裙白色，网状，长 5.0～20.0cm；菌盖钟形，表面有网纹，长 2.0～4.0cm。菌丝白色，气生菌丝不发达，生长缓慢。

【生长发育条件】

营养：竹荪古优 1 号是腐生型真菌，能够利用纤维素、半纤维素在葡萄糖、蔗糖、麦芽糖、木糖等作碳源的培养基上良好生长，氮源以蛋白胨、铵盐为主，栽培基质可适当增加尿素等以促进菌丝生长。

温度：菌丝在 5～30℃培养均可生长，最适生长温度为 25℃。菌丝生长速度较慢，常规 750ml 原种 20℃培养需要 2 个月左右才能长满。菌丝生长阶段温度骤变易引起菌

丝死亡。子实体形成最适温度为25～32℃。

水分：喜阴湿，培养基质含水量为60%～65%，覆土层含水量为28%，子实体生长阶段空气相对湿度为90%以上。

pH：培养基初始pH 4.0～7.5菌丝均可生长，当pH为6.0时，菌丝长势最好，生长速度最快。子实体发育最适pH为4.6～5.0。

光照：菌丝生长不需要光照，无光照条件下菌丝白色，见光后生长受抑制，且变为紫红色。子实体原基形成一般也不需要光照，菌蕾破土后需要一定的散射光。

空气：属于好气性较强的真菌，菌丝生长、菌蕾形成、子实体生长均需要充足的氧气。

【优异性状】

竹荪古优1号属于高温型食用菌，具有产量高、抗性强的特点。

【广西栽培情况】

竹荪古优1号在广西柳州市、桂林市、贺州市、河池市天峨县等地具有一定的栽培规模。栽培模式主要有两种：第一种是在野外竹林利用竹子加工剩余物等进行仿野生栽培；第二种是在大田搭棚，利用农作物秸秆进行田间栽培。每年2月播种，5～6月即可采收。可用竹类、玉米秆、玉米芯、木薯秆等原料栽培，其具有较好的原料适应性，适合在广西推广栽培。

第五节 灵 芝

灵芝是多孔菌目灵芝科真菌，在我国广西、广东、江西、福建、浙江等多个省份均有种植。灵芝主要包括赤灵芝、紫灵芝、黑灵芝等。灵芝是一种药食兼用真菌，同时还有一定的观赏价值。灵芝子实体中除含有丰富的蛋白质、多糖等营养成分外，还含有麦角甾醇、三萜类、香豆精苷、挥发油、硬脂酸、苯甲酸、生物碱等生理活性物质；孢子中还含有甘露醇、海藻糖等，对神经衰弱、高脂血症、冠心病、心绞痛、心律失常、克山病、高原不适症、肝炎、气管炎等有不同程度的疗效。近年来，随着灵芝药用价值的深层次开发，灵芝种植面积不断扩大，人工栽培技术日趋成熟，栽培方法向多样化发展。目前，灵芝人工栽培按材料分为代料栽培与短椴木栽培；按栽培条件分为大棚栽培与林下仿野生栽培，特别是紫灵芝林下仿野生栽培充分利用了林下的闲置空间与优良的环境条件，所生产的灵芝颇受消费者欢迎，为种植者带来了较好的经济收益，是山区农民致富的好帮手。

1. 赤灵芝119

【学名】

Ganodermataceae（灵芝科）*Ganoderma*（灵芝属）*Ganoderma lucidum*（灵芝）。

【俗名】

红芝、木灵芝、灵芝草等。

【品种来源】

赤灵芝119引自上海市农业科学院食用菌研究所。

【子实体、菌丝体形态特征】

子实体一年生，幼嫩时边缘白色至淡黄色，有同心辐射环，有柄；菌盖为半圆形或肾形，表面红褐色，具漆样光泽，直径5.0～10.0cm，厚1.5～3.0cm。菌丝白色，在PDA培养基上生长速度快，初期洁白浓密，幼嫩时易挑断，培养后期在培养基表面易形成难挑取的老熟菌皮。

【生长发育条件】

营养：菌丝生长碳源以葡萄糖为最佳，氮源可采用蛋白胨、玉米粉或麦麸。赤灵芝119是木腐型真菌，野生灵芝一般单生或丛生于倒木或树桩上，能够利用木质素作为养分生长。

温度：菌丝在5～35℃培养均可生长，适宜温度为28℃。子实体形成适宜温度为

25~30℃，温度偏低，子实体生长发育变缓，菌盖色泽加深。

水分：栽培时，培养基水分不宜过高，代料栽培基质含水量控制在55%~60%，子实体生长阶段空气相对湿度应保持在90%左右。

pH：适宜在偏酸性培养基中生长发育，菌丝在pH 3.0~9.0均可生长，当pH为5.5时，菌丝长势最好，生长速度最快。子实体发育最适pH为5.0，培养基质过酸或过碱会影响子实体形成及发育。

光照：菌丝生长阶段不需要光照，子实体分化阶段需要可见光或蓝光。

空气：属于厌氧型真菌，一般菌丝生长阶段CO_2浓度在3%~5%。子实体生长阶段属于好氧型。

【优异性状】

赤灵芝119属灵芝的一个品种，主要用于栽培生产灵芝孢子粉。其特点是孢子粉产量高，适宜椴木田间栽培。

【广西栽培情况】

在广西河池市天峨县、南丹县等地具有一定的栽培规模。以椴木大田栽培为主，以塑料大棚内盖小拱棚的方式收集孢子粉。亩产孢子粉可达800kg，经济效益比较可观，适合广西山区推广种植。

2. 红灵芝

【学名】

Ganodermataceae（灵芝科）*Ganoderma*（灵芝属）*Ganoderma lucidum*（灵芝）。

【俗名】

红芝、木灵芝、灵芝草等。

【品种来源】

红灵芝引自上海市农业科学院食用菌研究所。

【子实体、菌丝体形态特征】

子实体一年生，幼嫩时边缘白色至淡黄色，有同心辐射环；菌柄中生或略偏生；菌盖为圆形或半圆形，表面具漆样光泽，红褐色，直径为10.0～18.0cm，厚度为2.5～4.0cm。菌丝在PDA培养基上生长速度快，初期洁白浓密，幼嫩时易挑断，培养后期表面易形成难挑取的老熟菌皮。

【生长发育条件】

营养：菌丝生长碳源以葡萄糖为最佳，氮源可采用蛋白胨、玉米粉或麦麸。生产上以枫木、青冈木、椴木栽培为佳。

温度：菌丝在8～35℃均可生长，适宜温度为28℃。子实体形成适宜温度为25～30℃，温度偏低时，子实体生长发育变缓，菌盖色泽加深，厚实坚硬。

水分：栽培时，培养基水分不宜过高，代料栽培基质含水量控制在55%～60%，椴木栽培木头含水量控制在35%左右。子实体发育期间空气相对湿度应保持在85%～90%。

pH：适宜在偏酸性培养基中生长发育，菌丝在pH 3.5～8.5均可生长，当pH为6.0时，菌丝长势最好，生长速度最快。子实体发育最适pH为5.0。

光照：菌丝生长阶段不需要光照，子实体分化阶段需要可见光或蓝光。

空气：属于厌氧型真菌，一般菌丝生长阶段CO_2浓度在3%～5%。子实体生长阶段属于好氧型。

【优异性状】

该菌株属灵芝，主要用于栽培生产灵芝子实体。其特点是子实体产量高、品质好，菌肉致密、质地坚硬，产孢子粉量少，适宜椴木田间栽培。

【广西栽培情况】

在广西河池市天峨县、南丹县等地具有一定的栽培规模。以大田椴木栽培为主，可在田间加盖遮阳网覆土管理出芝，也可用于灵芝盆景或大朵灵芝的栽培。

3. 灌紫芝-7

【学名】

Ganodermataceae（灵芝科）*Ganoderma*（灵芝属）*Ganoderma sinense*（紫灵芝）。

【品种来源】

广西桂林市灌阳县西山瑶族乡海洋山采集菌株分离。

【子实体、菌丝体形态特征】

子实体木栓质，有柄；菌盖近扇形或近圆形，大小为（10.0～15.0）cm×（6.0～10.0）cm，厚1.1～1.8cm，表面紫红褐色、紫黑褐色，有似漆样光泽，有明显或不明显的同心环沟和纵皱，边缘薄或钝，有环纹；菌柄偏生，长12.0～15.0cm，粗1.5～2.5cm，有光泽。孢子（9.0～12.5）μm×（7.8～8.8）μm，卵圆形，顶端脐突或稍平截，双层壁，外壁无色透明，平滑，内壁淡褐色，有显著小刺。在PDA培养基上，菌丝白色，呈放射状、丝状生长，生长迅速。

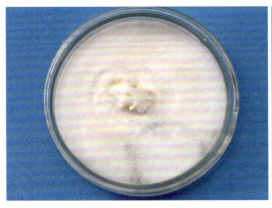

【生长发育条件】

营养：灌紫芝-7是木腐真菌，具较强的分解纤维素的能力。可利用的小分子碳源包括葡萄糖、蔗糖、果糖、海藻糖，大分子碳源主要为纤维素、木质素，也能利用淀粉。可利用蛋白胨、牛肉膏、酵母粉、尿素、米糠、豆渣、花生渣、黄豆粉、豆粕等有机氮源。

温度：属高温型结实性菌类，其孢子萌发适宜温度为24～26℃；菌丝生长温度为4～35℃，适宜温度为24～28℃；子实体分化与生长温度为20～32℃，适宜温度为24～28℃。

水分：代料栽培培养基水分含量为60%～65%，椴木栽培中椴木含水量为40%左右。

pH：菌丝生长的适宜pH为5.0～7.0。

光照：菌丝生长无需光照，子实体发育需要一定量的散射光，光照强度以300～1000lx为宜。

空气：菌丝生长需要充足的氧气，但原基的形成需要一定量的二氧化碳积累。原基的分化和发育需要充足的氧气。

【优异性状】

灌紫芝-7是由采集于灌阳县海拔900m处的野生紫灵芝驯化而来，含丰富的蛋白质、氨基酸、多糖及三萜类物质。子实体没有赤灵芝特有的苦味，因此其药用价值更便于通过日常饮食被人们接受。子实体形状特征为长柄，林下种植一年只出一次子实体，该品种市场销路好，受粤港经销商青睐。

【广西栽培情况】

目前该菌株在桂林市灌阳县大量栽培。灌紫芝-7栽培分为人工代料栽培与短椴木栽培，以林下短椴木栽培为主。代料栽培常用的原料包括杂木屑、桑木屑、棉籽壳、蔗渣、玉米秸秆粉碎物、常见果树来源木屑等；短椴木栽培主要采用阔叶树椴木，以壳斗科树种较理想,以青冈属、栲属和栎属树种为最好。除此之外,板栗、玉桂等果树与经济林来源椴木也可用于灌紫芝-7栽培。

4. 紫芝-江7

【学名】

Ganodermataceae（灵芝科）*Ganoderma*（灵芝属）*Ganoderma sinense*（紫灵芝）。

【品种来源】

广西南宁市武鸣区两江镇大明山地段山上采集菌株分离。

【子实体、菌丝体形态特征】

子实体木栓质,有柄;菌盖近圆形,大小为（11.0～13.0）cm×（7.0～10.0）cm,厚1.3～2.0cm,表面紫红褐色,有似漆样光泽,边缘薄,有明显同心环沟和纵皱;菌柄偏生,长6.0～8.5cm,粗1.5～2.2cm,有光泽。孢子（9.0～11.0）μm×（7.5～8.9）μm,卵圆形,顶端脐突或稍平截,双层壁,外壁无色透明,平滑,内壁淡褐色,有显著小刺。在PDA培养基上,菌丝白色,呈放射状、丝状生长,生长迅速。

【生长发育条件】

营养:紫芝-江7是木腐真菌,具较强的分解纤维素的能力。可利用的小分子碳源包括葡萄糖、蔗糖、果糖、海藻糖,大分子碳源主要为纤维素、木质素,也能利用淀粉。可利用有机氮源为蛋白胨、牛肉膏、酵母粉、尿素、米糠、豆渣、花生渣、黄豆粉、豆粕等。

温度:属高温型恒温结实性菌类,其孢子萌发适宜温度为24～26℃;菌丝生长温度为4～35℃,适宜温度为24～28℃;子实体分化与生长温度为20～30℃,适宜温度为24～28℃。

水分:代料栽培培养基含水量为60%～65%,椴木栽培中椴木含水量为40%左右。

pH:菌丝生长的适宜pH为5.5～6.5。

光照：菌丝生长无需光照，子实体发育需要一定量的散射光，光照强度以300～1000lx为宜。

空气：菌丝生长需要充足的氧气，但原基的形成需要一定量的二氧化碳积累。原基的分化和发育需要充足的氧气。

【优异性状】

紫芝-江7是由采集于南宁市武鸣区两江镇大明山地段山上500m处的野生紫灵芝驯化而来，含丰富的蛋白质、氨基酸、多糖及三萜类物质，其子实体形状特征为短柄、菌盖较大，林下种植一年可出两次子实体，该品种适合切片加工。

【广西栽培情况】

目前该菌株已在广西南宁地区少量种植，还未规模化生产。分代料栽培与短椴木栽培，以林下短椴木栽培为主。代料栽培常用的原料包括杂木屑、桑木屑、棉籽壳、蔗渣、玉米秸秆粉碎物、常见果树来源木屑等，在这些材料的基础上添加10%～20%米糠满足紫灵芝菌丝与子实体生长需求；短椴木栽培主要采用阔叶树椴木，以壳斗科树种较理想，以青冈属、栲属和栎属树种为最好。除此之外，板栗、芒果、玉桂等果树与经济林来源椴木也可用于紫芝-江7栽培。

第六节　其　他

1. 草菇 V18

【学名】

Pluteaceae（光柄菇科）*Volvariella*（小包脚菇属）*Volvariella volvacea*（草菇）。

【俗名】

兰花菇、苞脚菇、麻菇和中国菇。

【品种来源】

草菇 V18 引自广西大学食用菌研究所。

【子实体、菌丝体形态特征】

子实体丛生或群生，菇型圆形或椭圆形，包被较厚，不易开伞；菌盖幼时灰色或灰黑色，光线越强，颜色越深；菌盖表面较平滑，大小为（2.0～3.2）cm×（3.0～4.5）cm。在塑料袋熟料栽培（2.5～3kg 湿料），第一潮采收 10～20 个，平均 14 个，菇体平均为 12g 左右。母种菌落平整、稀疏，正反面均为浅灰黄棕色，气生菌丝较发达，棉絮状，爬壁能力强，后期有红褐色分生孢子。

【生长发育条件】

营养：菌丝生长适宜碳源为葡萄糖、果糖，适宜用废棉、甘蔗渣、棉籽壳等农林废弃物栽培，适宜有机氮源为酵母膏、蛋白胨、麦麸、豆粕等。

温度：菌丝生长温度为 20～40℃，适宜温度为 33～38℃；出菇温度为 25～35℃，适宜温度为 26～33℃。原基形成和子实体分化不需要温差刺激。

水分：菌丝生长基质的适宜含水量为 65%～70%，子实体形成期空气相对湿度为 85%～90%。

pH：菌丝生长适宜 pH 为 8.0～9.0。

光照：菌丝生长不需要光照，原基分化需较弱散射光，子实体生长需 200lx 以上的较强散射光。

空气：菌丝生长、原基的分化和发育都需要充足的氧气。

【优异性状】

草菇 V18 是高温型品种，耐高温，栽培性状稳定，出菇集中、整齐，菇多时菇体偏小，子实体柄短、肉较厚，菇质优，商品性好，产量较高，生物学转化率达 23% 左右；适应性广，适合各种农作物及林业废弃物栽培；出菇和转潮快，发菌培养时间为

7~9天，出菇菌龄为9天，即一般接种16天就可出第一潮菇，7天左右能转潮一批。鲜食口感鲜嫩。缺点是子实体个体偏小。

【广西栽培情况】

草菇V18是广西春、夏季主要草菇栽培品种之一，年栽培规模约10万包，广西全区均可栽培。草菇V18在广西适宜层架出菇栽培或脱袋码垛出菇栽培，一般4~5月接种，6~11月出菇。

适宜培养基配方：废棉80%，麦麸15%，石灰5%，含水量65%~70%，pH 8.0~9.0。

2. 草菇V971

【学名】

Pluteaceae（光柄菇科）*Volvariella*（小包脚菇属）*Volvariella volvacea*（草菇）。

【俗名】

兰花菇、苞脚菇、麻菇和中国菇。

【品种来源】

草菇V971引自广东省微生物研究所。

【子实体、菌丝体形态特征】

子实体丛生或群生，菇型圆形或椭圆形，包被较厚，不易开伞；菌盖幼时灰色或灰黑色，光线越强，颜色越深；菇体表面较平滑，大小为（2.0~3.2）cm×（4.0~5.0）cm。母种菌落平整、稀疏，正反面均为浅灰黄棕色，气生菌丝较发达，棉絮状，爬壁能力强，后期有红褐色分生孢子。

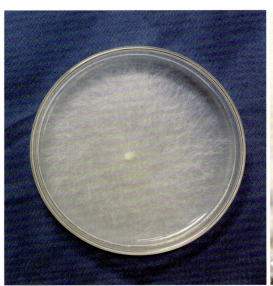

【生长发育条件】

营养：菌丝生长适宜碳源为葡萄糖、果糖，适宜废棉、甘蔗渣、棉籽壳等农林废弃物栽培，适宜有机氮源为酵母膏、蛋白胨、麦麸、豆粕等。

温度：菌丝生长温度为20～40℃，适宜温度为33～38℃；出菇温度为25～35℃，适宜温度为26～33℃。原基形成和子实体分化不需要温差刺激。

水分：菌丝生长基质的适宜含水量为65%～70%，子实体形成期空气相对湿度为85%～90%。

pH：菌丝生长适宜pH为8.0～9.0。

光照：菌丝生长不需要光照，原基分化需较弱散射光，子实体生长需200lx以上的较强散射光。

空气：菌丝生长、原基的分化和发育都需要充足的氧气。

【优异性状】

草菇V971是高温型品种，耐高温，栽培性状稳定，出菇集中、整齐，菇多时菇体偏小，子实体柄短、肉较厚，菇质优，商品性好，产量较高，生物学转化率达25%左右，在塑料袋熟料栽培（2.5～3kg湿料），第一潮采收10～20个，平均15个，菇体平均为12g左右。适应性广，可在广西春、夏、秋季出菇，适合各种农作物及林业废弃物栽培；出菇和转潮快，发菌培养时间为7～9天，出菇菌龄为9天，即一般接种15天就可出第一潮菇，一般7天左右就能转潮一批。鲜食口感鲜嫩。缺点是子实体个体偏小。

【广西栽培情况】

草菇V971是广西春、夏季主要草菇栽培品种之一，年栽培规模约10万包，广西全区均有栽培。在广西适宜层架出菇栽培或码垛出菇栽培，一般4～5月接种，6～11月出菇。

适宜培养基配方：废棉80%，麦麸15%，石灰5%，含水量65%～70%，pH 8.0～9.0。

3. 茯苓

【学名】

Polyporaceae（多孔菌科）*Macrohyporia*（茯苓菌属）*Macrohyporia cocos*（茯苓）。

【俗名】

伏苓、松薯、松苓等。

【品种来源】

品种分离自广西融水苗族自治县仿野生栽培茯苓菌核。

【子实体、菌丝体形态特征】

菌核大小不一，直径10.0～50.0cm。单个菌核重量可达35kg。新鲜菌核表面浅褐色，松树皮状，内部为白色粉末状。菌丝洁白，在PDA培养基上生长迅速，气生菌丝发达，在试管中培养爬壁现象明显，菌丝培养初期呈白色，老熟后变成淡黄色。菌丝体可生长发育成菌核和子实体。

【生长发育条件】

营养：茯苓能利用松木屑，菌丝在不同碳源、氮源条件下长势差异明显。碳源以葡萄糖和果糖为佳，其次为玉米粉、可溶性淀粉及麦芽糖，菌丝在以草酸为碳源的培养基中不生长。氮源以黄豆粉、蛋白胨、玉米粉为最佳。

温度：茯苓属中高温结实真菌，菌丝在15～35℃均可生长，适宜生长温度为28℃。较大的昼夜温差有利于茯苓菌核的形成和发育。

水分：茯苓生长要求基质含水量较高，椴木栽培时要求木头含水量为45%～50%，土壤湿度要求在25%左右；菌核生长阶段需要较多水分，空气相对湿度应保持在75%左右。

pH：茯苓喜好在偏酸性条件下生长，菌丝在pH 3.0～7.0均可生长，当pH为5.0时，菌丝长势最好，pH过高会出现菌丝发黑的现象，菌丝生长明显受到抑制。

光照：菌丝生长阶段不需要光照，子实体分化阶段需要散射光刺激。

空气：属于好氧型真菌，菌丝生长阶段与子实体生长阶段均需要氧气充足。

【优异性状】

茯苓属中温高结实型品种，具有耐高温、产量高的特点。适合南方地区利用松木经济林、林改林废弃松木等资源栽培，适合在广西推广种植。

【广西栽培情况】

茯苓在柳州市融水苗族自治县、河池市南丹县等地均有一定的栽培规模。主要采用经济林砍伐后留下的松树兜接种生产茯苓，也有少部分地区采用松木、椴木接种茯苓后覆土栽培的模式。

4. 双孢蘑菇 AS2796

【学名】

Agaricaceae（蘑菇科）*Agaricus*（蘑菇属）*Agaricus bisporus*（双孢蘑菇）。

【俗名】

蘑菇、白蘑菇、双孢菇、洋菇、纽扣蘑菇。

【品种来源】

双孢蘑菇 AS2796 由福建省蘑菇菌种研究推广站于 20 世纪 80 年代初培育，至今仍是我国主要推广栽培的双孢蘑菇品种。广西于 1995 年引进该品种，并自 2005 年以来大面积推广栽培。

【子实体、菌丝体形态特征】

子实体大个，单生，组织致密；菌盖白色，扁半球形，直径 3.0～10.0cm，厚 2.0～2.5cm，表面光滑；菌柄白色，圆柱状，长 1.5～4.0cm，直径 1.0～1.5cm，中生，肉质，无柔毛和鳞片。菌丝洁白，浓密，气生菌丝发达，后期能形成菌索，并出现褐色色素。

【生长发育条件】

营养：菌丝生长适宜的碳源为葡萄糖和麦芽糖，适宜的氮源为酵母膏、蛋白胨等

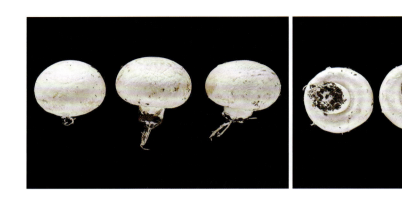

有机氮源。

温度：菌丝适宜生长温度为 24～28℃；子实体适宜生长温度为 16～20℃。

水分：菌丝生长基质的适宜含水量为 60%～65%，子实体分化生长的空气相对湿度为 90%～95%。

pH：菌丝生长适宜 pH 为 5.0～7.0。

光照：菌丝和子实体生长阶段都无需光照。

空气：菌丝生长、原基的分化和发育需要通气。

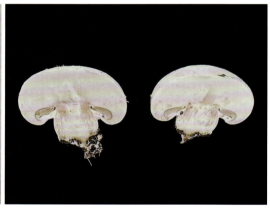

【优异性状】

双孢蘑菇 AS2796 口感细腻、味道鲜美、营养丰富，是一种高蛋白、低脂肪的食物。生物学转化率达 40%～45%，抗性强，出菇不集中，潮次不明显，适宜农法栽培。

【广西栽培情况】

双孢蘑菇 AS2796 是广西双孢蘑菇的主要推广栽培品种，年栽培面积曾达 100 万 m^2 以上，主要分布于南宁、桂林、梧州、玉林、柳州等地区。在广西主要以农法栽培。

栽培配方（按栽培面积 230m^2 的标准菇房计算）：稻草 4500kg，干牛粪 3000kg，过磷酸钙 70kg，石膏粉 110kg，饼肥 180kg，碳酸钙 90kg，尿素 60kg，碳酸氢铵 60kg，石灰粉 110kg。

5. 双孢蘑菇 W192

【学名】

Agaricaceae（蘑菇科）*Agaricus*（蘑菇属）*Agaricus bisporus*（双孢蘑菇）。

【俗名】

蘑菇、白蘑菇、双孢菇、洋菇、纽扣蘑菇。

【品种来源】

双孢蘑菇 W192 引自福建省农业科学院食用菌研究所。

【子实体、菌丝体形态特征】

子实体中等大小，单生，组织致密；菌盖白色，半球形，直径 3.0～5.0cm，厚 1.5～2.5cm，表面光滑；菌柄白色，圆柱状，长 1.5～2.0cm，直径 1.0～1.5cm，中生，肉质，无柔毛和鳞片。菌丝洁白，浓密，菌落贴生，平整，雪花状，气生菌丝少，无色素。

【生长发育条件】

营养：菌丝生长适宜的碳源为葡萄糖，适宜的氮源为酵母膏、蛋白胨等有机氮源。

温度：菌丝适宜生长温度为 24～28℃，子实体适宜生长温度为 16～20℃。

水分：菌丝生长基质的适宜含水量为 65%～70%，子实体分化生长的空气相对湿度为 90%～95%。

pH：菌丝生长适宜 pH 为 5.0～7.0。

光照：菌丝和子实体生长阶段都无需光照。

空气：菌丝生长、原基的分化和发育需要氧气。

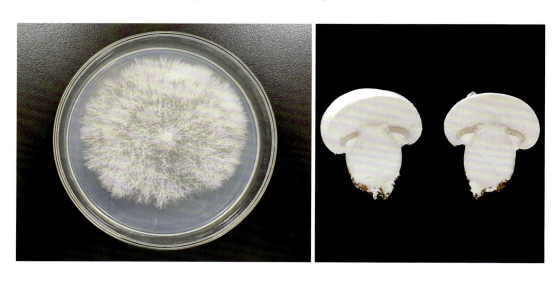

【优异性状】

双孢蘑菇 W192 产量高，生物学转化率达 50%～60%，抗性强，出菇密集，潮次明显，转潮集中，适宜工厂化栽培。

【广西栽培情况】

双孢蘑菇 W192 在广西的年栽培面积约 10 万 m^2，主要分布于南宁市横县、梧州市、玉林市、柳州市鹿寨县、桂林市全州县等地区。在广西以工厂化或半工厂化栽培为主。

栽培配方（按栽培面积230m²的标准菇房计算）：杏鲍菇菌渣4500kg，干牛粪2000kg，过磷酸钙60kg，石膏粉100kg，饼肥200kg，碳酸钙80kg，尿素60kg，碳酸氢铵60kg，石灰粉120kg。

第三章
广西野生食用菌种质资源

据报道，全世界约有菌物150万种，中国不少于20万种。野生菌物广泛分布于森林、草地、湖泊、海洋等生态系统。在现有的体系下，可将菌物纵向分为六大类：食用菌物资源、药用菌物资源、有毒菌物资源、共生菌根真菌资源、工业用菌物资源、农业用菌物资源等（李玉，2013）。

在我国，自古以来，食用菌被称为山珍，究其根源是诸多名贵野生食用菌很少被发现。最为出名的是灵芝（仙草）及冬虫夏草。另外一个重要的原因是食用菌的营养或药用价值极高，古代香菇作为一味中药食用，而茯苓、猪苓在《本草图经》中位列上品和中品。现代营养研究表明，新鲜食用菌的蛋白质含量为3.5%～4.0%，约为洋葱的2倍、柑橘的4倍、苹果的12倍；食用菌富含8种人体必需氨基酸、多种微量元素等。另外，食用菌碳水化合物及热量极低。故，食用菌具有"素中之荤"的称誉。

许多食用菌具有一定的药用价值，甚至部分毒菌也可以用于某些疾病的治疗。菌物入药在我国已有2000多年的历史，诸多食用菌可以治疗胃溃疡、关节炎、心脏病等疾病，具有解表、祛风湿、调节血压和血脂、活血、止血、祛痛等功效，可调节人体机能、调节免疫功能、滋补、强身、安神、养胃等。

食用菌大多分布于林地、腐木、草地等生境。我国常见的野生食用菌近千种，其中被誉为世界珍品、味美香郁、珍稀名贵的食药用菌有几十种，如松茸、块菌、冬虫夏草、羊肚菌、蒙古口蘑、猴头菌、短裙竹荪、鸡油菌、蜜环菌、松乳菇、灰肉红菇等。

近年来，随着人民大众对野生食用菌需求的逐渐增长，商业化、大规模采收导致部分野生食用菌种质资源遭到了严重破坏，其生境逐渐丧失，势必造成部分野生食用菌的种类逐渐减少和产量逐年下降。因此，针对广西野生食用菌的保护与保育工作迫在眉睫，亟须查清楚广西野生食用菌，特别是广西常见的、采收较多的、生境已被破坏的食药用菌物种多样性、资源现状和分布状态，并以此为依据提出针对性较强的保护、保育及管理措施，维持广西食用菌的可持续发展。

对广西大型真菌历经3年多的调查、收集、鉴定，通过形态学及分子系统学研究，最终从收集得到的200份种质资源中筛选出62种广西野生食用菌，其中子囊菌类7种，担子菌类55种。本章主要介绍在广西发现的可以食用或药用的野生食用菌，包括蝉棒束孢、蚂蚁虫草等子囊菌，以及红椎菌、松乳菇、银耳、韧革伞、木耳、中华鹅膏等担子菌类。

第一节　子囊菌类食用菌

大型真菌中常见的两个类群分别为子囊菌门与担子菌门（见本章第二节）的真菌。

二者都有分隔的菌丝体、生活史中均有一段双核时期、孢子形成时出现密丝组织。但子囊菌与担子菌最主要的区别为子囊菌的囊状细胞里含有核融合与减数分裂后形成的子囊孢子，通常情况下是 8 个子囊孢子（图 3-1）（姚一建和李玉，2002）。常见的子囊菌门食用菌包括虫草属真菌，如蛹虫草（*Cordyceps militaris*）等；马鞍菌属真菌，如白柄马鞍菌（*Helvella albipes*）、棱柄马鞍菌（*H. lacunosa*）等；羊肚菌属真菌，如梯棱羊肚菌（*Morchella importuna*）、粗腿羊肚菌（*M. crassipes*）等；线虫草属真菌，如冬虫夏草（*Ophiocordyceps sinensis*）、蝉花虫草（*O. cicadicola*）。

本章主要介绍了包括蝉棒束孢、蚂蚁虫草、椿象虫草等虫生真菌和多形炭团菌等木生真菌在内的 7 种食药用菌（以拉丁名为序）。

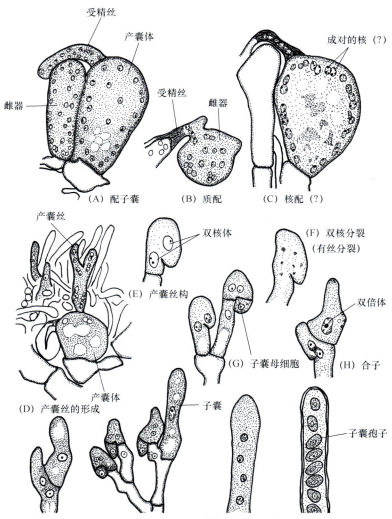

图 3-1　子囊菌的生活史：以烧土火丝菌（*Pyronema omphaloides*）为例（李玉，2013）

1. 多形炭团菌

【学名】

Hypoxylaceae（韧碳角科）*Annulohypoxylon*（炭团菌属）*Annulohypoxylon multiforme*（多形炭团菌）。

【俗名】

黑炭皮。

【采集地】

广西崇左市龙州县等。

【生境】

春季簇生于阔叶树腐木表面。

【食用性】

菌丝或其发酵的次生代谢产物可药用。

【分布】

本种主要分布于吉林、河北、山西、宁夏、甘肃、新疆、四川、云南、广西等地，且广泛分布于欧洲及南美洲。

【形态特征】

子座垫状、半球形或其他形状，高 0.2～0.8cm，宽 0.5～1.7cm，红褐色或锈红褐色，渐变暗褐色，最后呈黑色，炭质；子囊圆筒形，（110.0～160.0）μm×（5.0～7.0）μm；子囊孢子单行排列，不等边椭圆形，暗褐色，光滑。

2. 光轮层炭壳

【学名】

Hypoxylaceae（韧碳角科）*Daldinia*（轮层炭壳属）*Daldinia eschscholtzii*（光轮层炭壳）。

【俗名】

炭球、黑炭球。

【采集地】

广西南宁市良凤江国家森林公园等。

【生境】

春季团生于阔叶树腐木树桩。

【食用性】

菌丝发酵次生代谢产物包括了多种聚酮类等生物活性物质，且具有一定的抗癌效果（田园，2015）。

【分布】

本种主要分布于江西、福建、广西、四川、云南等地。另外，本种有见报道分离于印尼红藻中（谭仁祥等，2014）。

【形态特征】

子座宽 2～8cm，高 2～6cm，扁球形，光滑，无柄，单生或相互连接；外子座薄而脆，暗褐色至黑色；子囊暗褐色，（150.0～200.0）μm×（10.0～12.0）μm，有点状小孔口；子囊孢子单行，（7.0～14.0）μm×（4.5～5.4）μm，暗褐色，不等边椭圆形或近肾形，光滑。

3. 蝉棒束孢

【学名】

Cordycipitaceae（虫草菌科）*Isaria*（棒束孢属）*Isaria cicadae*（蝉棒束孢）。

【俗名】

蝉花、虫草花、蝉茸、冠蝉、胡蝉等。

【采集地】

广西崇左市龙州县。

【生境】

阔叶林，虫寄生。

【食用性】

可食，具有缓解疲劳、调节免疫力、解热镇痛、降低血压、抗肿瘤等功效（曾文波等，2017）。部分少数民族（藏族、纳西族、白族、普米族、彝族和傈僳族）常将其制作成药膳"虫草炖鸡"，滋补强壮的作用明显。

【分布】

本种分布于安徽、福建、广西、广东、四川、云南、吉林等地，属广布种，通常认为是常见蛹虫草的无性形。

【形态特征】

孢梗束从寄主蝉的头部生出，多根簇生，直径 6.0～15.0mm，高 5.0～8.0cm，柄部淡黄色，基部和上部皆可分枝，圆柱形至棒状，直或稍弯曲，近白色，顶部粉状；分生孢子较大，常弯曲。

4. 椿象虫草

【学名】

Ophiocordycipitaceae（蛇形虫草科）*Ophiocordyceps*（蛇形虫草属）*Ophiocordyceps nutans*（椿象虫草）。

【俗名】

下垂虫草。

【采集地】

广西崇左市龙州县、钦州市浦北县。

【生境】

阔叶林，虫寄生。

【食用性】

可食用，并具有药用价值。

【分布】

本种分布于安徽、浙江、福建、贵州、广西、海南等地，属广布种，是寄生于椿象上的一种大型真菌，对多种昆虫均有杀伤力。

【形态特征】

子座 1~2 个，罕 3 个，从虫体胸部长出，长 3.0~10.0cm；柄多弯曲，粗 1mm 或更细，黑色，上部与头部同色；子囊头梭形至短圆柱形，红色，成熟后变为橙色，老后褪为黄色；子囊壳全埋于子座内，狭卵形；子囊长达 520.0μm，粗 6.0~8.0μm；孢子大小为（5.0~8.0）μm×1.0μm。

5. 蚂蚁虫草

【学名】

Ophiocordycipitaceae（蛇形虫草科）*Ophiocordyceps*（蛇形虫草属）*Ophiocordyceps myrmecophila*（蚂蚁虫草）。

【俗名】

蚁虫草。

【采集地】

广西崇左市龙州县。

【生境】

阔叶林，虫寄生。

【食用性】

可食用。具有补虚损、益精髓、保肺益肾等功效，且市场上有蚂蚁虫草透骨膏和蚂蚁虫草酒出售。

【分布】

本种属广西新记录种。主要分布于江西、福建、广西、四川、云南等地。

【形态特征】

子座一般1~3个，橙黄色，长1.0~5.0cm，大多数单生，从寄主的胸部发生，罕见头部发生，子座头卵圆形或长卵形，长2.0~4.0mm，粗0.7~1.5mm；柄常见弯曲，与子座同色；子囊壳斜埋于子座内，卵圆形，（550.0~580.0）μm×（200.0~250.0）μm；次生孢子长柱形，（8.0~12.0）μm×（1.0~1.5）μm。

6. 果生炭角菌

【学名】

Xylariaceae（炭角菌科）*Xylaria*（炭角菌属）*Xylaria carpophila*（果生炭角菌）。

【采集地】

广西崇左市龙州县、南宁市大明山国家级自然保护区等。

【生境】

夏秋簇生于阔叶树果实或种皮上。

【食用性】

本种的菌丝或发酵产物具有一定的抗癌作用（Xia et al.，2011）。

【分布】

本种分布于江苏、浙江、广西、贵州等地，为广布种。

【形态特征】

子座长 0.5~2.5cm，直径 0.15~0.25cm，一个或数个从坚果上生出，不分枝，有纵向皱纹，内部白色，头部近圆柱形，顶端有不孕小尖。柄长短不一，粗约 1mm。子实体基部有绒毛；子囊壳球形，直径 400.0μm，埋生，孔口疣状，外露；子囊呈圆筒形，有孢子部分（100.0~120.0）μm×6.0μm，基部长约 50.0μm；孢子褐色，单行排列，椭圆形或肾形。

7. 毛鞭炭角菌

【学名】

Xylariaceae（炭角菌科）Xylaria（炭角菌属）*Xylaria xanthinovelutina*（毛鞭炭角菌）。

【采集地】

广西崇左市龙州县等。

【生境】

春季腐生于阔叶树腐朽的枝干上。

【食用性】

暂无食用性报道。

【分布】

本种为广布种，广泛分布于中国大部分地区。

【形态特征】

子座散生至近群生，高 2.0～7.0cm，单根，少数分叉，向上渐细，顶端不育，内部白色；柄暗褐色，长 1.0～5.0cm，基部粗 1～2mm，有粗毛；子囊壳球形，宽 350.0～550.0μm，几乎生于子座的表面；子囊圆形，有长柄，有孢子部分（65.0～75.0）μm×（5.0～7.0）μm；孢子（10.0～13.0）μm×（4.0～5.5）μm，单行排列，不等边梭形，黑褐色。

第二节 担子菌类食用菌

担子菌门的菌物通常称为担子菌。相比于子囊菌的数量，担子菌数量较少，但担子菌绝大多数能形成肉眼可见的子实体，包括常见的蘑菇类（双孢蘑菇）、牛肝菌类（美味牛肝菌）、腹菌类（马勃）、胶质类（银耳）、多孔菌类（灵芝）等，也包括部分小型菌，如锈菌、黑粉菌等。

担子菌与子囊菌最明显的不同是产孢结构及孢子（图3-2）。如同子囊菌一样，担子菌绝大多数孢子的形成也经历了质配、核配及减数分裂。通常每个担子可以形成4个单核的孢子。部分担子菌，如双孢蘑菇可以形成2个孢子。故成熟的担子菌的孢子可以是单核的也可以是双核的。不同孢子的大小、形状、颜色、纹饰、细胞壁厚薄等具有很大的不同。例如，蜡蘑属真菌，孢子圆形，附属结构是针状的小刺；红菇属真菌，孢子椭圆形，大多具隆起的沟脊；蘑菇属真菌，孢子深棕色；鹅膏属真菌，孢子白色，但部分种类孢子壁具有淀粉质反应等。

担子菌是菌物中一个重要的类群，包括诸多有害或有益的种类，其中不乏可以食用或者药用的大型真菌。在病害方面，如导致小麦黑粉病及锈病的真菌，其能够引起小麦大面积减产或绝收。另外一类大型的担子菌，如蜜环菌，是我国东北地区常见的一种真菌，与天麻形成偏利共生关系。在广西较为常见的食用菌包括与白蚁共生的鸡枞菌，目前鸡枞菌在广西记录的有4～5种；红椎菌（现定中文名为灰肉红菇，拉丁名为 *Russula griseocarnosa*）是浦北县特色的食用菌，在野生食用菌方面是广西地区唯一的国家地理标志产品。天峨县的奶浆菌（中文名为松乳菇），在当地是著名的食用菌。但总体来讲广西针对野生食用菌的采食种类并不多。

本章主要介绍了包括红椎菌、奶浆菌、鸡枞菌、灵芝、韧革伞等在内的53种食药菌（以拉丁名为序）。

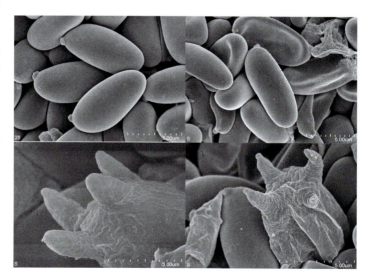

图3-2 *Psiloboletinus lariceti* 典型孢子及担子小梗

祁亮亮供图

1. 中华鹅膏

【学名】

Amanitaceae（鹅膏菌科）*Amanita*（鹅膏菌属）*Amanita sinensis*（中华鹅膏）。

【俗名】

丛树菌、松树菌、油麻菌、芝麻菌、松菌。

【采集地】

广西防城港市上思县、钦州市浦北县等。

【生境】

针叶林，腐生。

【食用性】

本种在上思县是常见的可食用菌。但据研究记载，本种属于微毒物种。本种易与角鳞灰鹅膏混淆，故不建议食用。

【分布】

本种分布于福建、广西、广东、湖南、四川、云南等地。

【形态特征】

菌盖幼时钟形、半球形，后平展，中部具疣状至颗粒状鳞片，边缘具明显棱纹，被灰色、深灰色至灰褐色菌幕，常部分脱落；菌肉较薄，白色；菌褶离生，较密，不等长，白色；菌柄近圆柱形，（8.0～15.0）cm×（1.0～2.5）cm，污白色至浅灰色，具浅灰色、灰色粉末状至絮状鳞片，常具假根；菌环上位，易脱落；孢子（9.5～12.5）μm×（7.0～8.5）μm，宽椭圆形至椭圆形，光滑。

2. 假芝

【学名】

Ganodermataceae（灵芝科）*Amauroderma*（假芝属）*Amauroderma rugosum*（假芝）。

【俗名】

血芝、棺材芝。

【采集地】

广西崇左市龙州县、南宁市良凤江国家森林公园等。

【生境】

阔叶林，腐生。

【食用性】

可食用。

【分布】

本种为华南地区广布种。其菌盖表面亮黑色，具不明显环纹，菌孔白色，伤变红色，故也有人称之为"血芝"。

【形态特征】

子实体较小或中等大，一年生，木栓质；菌盖直径2.0～10.0cm，厚0.3～1.6cm，近圆形、近肾形或半圆形，灰褐色、污褐色、暗褐色、黑褐色或黑色，无光泽，有明显纵皱及同心环带，并有辐射状皱纹，表面有绒毛，边缘钝且稍内卷；菌肉浅褐色；菌管暗褐色，长2.0～6.0mm，管口近圆形或不规则形，每毫米4～6个；菌柄长3.0～10.0cm，粗0.3～1.5cm，圆柱形，弯曲，光滑，有假根，侧生或偏生；孢子（9.0～11.0）μm×（7.5～10.0）μm，内壁有小刺，近球形。

3. 毛木耳

【学名】

Auriculariaceae（木耳科）*Auricularia*（木耳属）*Auricularia cornea*（毛木耳）。

【俗名】

粗木耳、毛耳、白背木耳。

【采集地】

广西崇左市龙州县、河池市天峨县等。

【生境】

阔叶林，腐生。

【食用性】

可食用，已人工栽培成功，其口感清脆，是柳州螺蛳粉的必备配料。

【分布】

本种广泛分布于黑龙江、吉林、辽宁、河北、山西、内蒙古、江苏、安徽、浙江、江西、福建、河南、广西、广东、香港、陕西、青海、四川、贵州、云南、海南等地。

【形态特征】

子实体一般较大，直径2～15cm，浅圆盘形、耳形或不规则形，有明显基部，胶质，无柄，基部稍皱，新鲜时软，干后收缩；子实层生里面，平滑或稍有皱纹，紫灰色，后变黑色，外面有较长绒毛，无色，仅基部褐色，（400.0～1100.0）μm×（4.5～6.5）μm，常成束生长；担子3横隔，具4小梗，棒状，（52.0～65.0）μm×（3.0～3.5）μm；孢子无色，光滑，弯曲，（12.0～18.0）μm×（5.0～6.0）μm。

4. 皱木耳

【学名】

Auriculariaceae（木耳科）*Auricularia*（木耳属）*Auricularia delicate*（皱木耳）。

【采集地】

广西崇左市龙州县、河池市天峨县等。

【生境】

阔叶林，腐生。

【食用性】

可食用，目前有记载已经初步驯化成功，但口感一般。

【分布】

本种广泛分布于福建、贵州、云南、广西、广东、海南等地。

【形态特征】

单生或群生，新鲜时胶质，不透明，盘状或耳状，无柄或似具柄，边缘全缘或浅裂，黄棕色至红棕色，干后红棕色至棕黑色，不孕面具极稀疏的短柔毛，可见皱褶，子实层面明显皱褶，呈多孔形网状结构。横切面似具髓层，近子实层，无结晶体；柔毛单生，无色透明，基部膨大、厚壁。菌丝具明显锁状联合。担子棒状，（60.0～70.0）μm×（5.0～6.5）μm，3横隔，担子小梗少见；孢子腊肠形，光滑，（13.0～14.0）μm×（5.0～6.0）μm。

5. 脆木耳

【学名】

Auriculariaceae（木耳科）*Auricularia*（木耳属）*Auricularia fibrillifera*（脆木耳）。

【采集地】

广西崇左市龙州县、河池市天峨县等。

【生境】

阔叶林，腐生。

【食用性】

可食用，已初步人工栽培成功。

【分布】

本种为广西新记录种，在形态上与百色云耳十分相似，但本种呈浅褐色，且孢子大小与百色云耳不同。

【形态特征】

单生或群生，新鲜时胶质或软胶质，透明，盘状或耳状，无柄或似具柄，边缘全缘，最宽处直径可达6.0cm，厚0.35~0.5mm，淡红棕色，干后厚0.04~0.2mm，暗棕色，不孕面具稀疏柔毛，子实层面光滑或具皱褶。横切面似具髓层，柔毛单生，无色或淡黄棕色，基部明显膨大，具宽内腔，常具明显分隔。菌丝具锁状联合。担子棒状，（41.0~57.0）μm×（4.0~6.0）μm，3横隔；孢子腊肠形，（11.0~14.0）μm×（4.0~5.0）μm，无色，光滑。

6. 短毛木耳

【学名】

Auriculariaceae（木耳科）*Auricularia*（木耳属）*Auricularia villosula*（短毛木耳）。

【采集地】

广西南宁市广西农业科学院等。

【生境】

阔叶林，腐生。

【食用性】

可食用，人工栽培已初步成功。

【分布】

本种为广西新记录种，在形态上与野生黑木耳十分相似，但本种浅褐色，孢子大小与野生黑木耳不同，且短毛木耳髓层。

【形态特征】

子实体单生或群生，新鲜时胶质或软胶质，不透明或半透明，杯状或盘状，无柄或似具柄，边缘全缘或浅裂，最宽处直径可达 5.0cm，厚 1.0~2.0mm，黄褐色或红褐色，干后厚 0.08~0.3mm，灰褐色或深褐色，不孕面具柔毛，子实层面具明显皱褶。横切面无髓层，柔毛单生，无色，顶部渐尖或钝圆，（40.0~90.0）μm×（4.5~6.0）μm。担子棒状，3 横隔，（40.0~61.0）μm×（4.0~5.0）μm；孢子（13.0~15.5）μm×（5.0~6.0）μm，腊肠形，无色，壁薄，光滑，具液泡。

7. 木生条孢牛肝菌

【学名】

Boletaceae（牛肝菌科）*Boletellus*（条孢牛肝菌属）*Boletellus emodensis*（木生条孢牛肝菌）。

【采集地】

广西崇左市龙州县、南宁市良凤江国家森林公园等。

【生境】

夏季单生于阔叶林腐殖质地上。

【食用性】

据记载可食用，但建议慎食。

【分布】

本种广泛分布于全国各地。

【形态特征】

菌盖宽4.5～8.0cm，扁半球形，表面被紫红色至红褐色、老后变为土褐色的鳞片，幼时菌盖边缘延伸而包被着子实层面，成熟后则撕裂成片状；菌肉黄色，伤后迅速变蓝；菌管在菌柄周围下陷，黄色，伤后迅速变蓝，管口宽0.1～0.2cm，多边形；菌柄长6.0～8.0cm，直径为0.8～1.0cm，近圆柱形，实心，基部略膨大，与菌盖同色，表面有纤毛状条纹；孢子（18.0～23.0）μm×（8.0～10.0）μm，长椭圆形，浅黄褐色至黄褐色，壁上具明显的纵向脊，脊上具横纹。

8. 鸡油菌

【学名】

Cantharellaceae（鸡油菌科）*Cantharellus*（鸡油菌属）*Cantharellus cibarius*（鸡油菌）。

【采集地】

广西防城港市上思县等。

【生境】

夏季单生或散生于针阔混交林，共生。

【食用性】

可食用，鸡油菌营养丰富，为全球六大著名菌根性食用菌之一。

【分布】

本种分布于吉林、辽宁、福建、湖北、湖南、广西、广东、四川、贵州、云南等地。

【形态特征】

子实体肉质，喇叭形，淡黄色；菌盖初期扁平，后下凹，平滑，边缘波状，偶开裂，内卷；菌肉近白色至淡黄色，厚2.0～4.0mm；菌褶典型延生，分叉或交织；菌柄与菌盖同色或颜色略淡，光滑，实心，（2.0～8.0）cm×（0.8～2.0）cm；孢子椭圆形，光滑，透明，（7.0～10.0）μm×（5.0～6.5）μm。

9. 红鸡油菌

【学名】

Cantharellaceae（鸡油菌科）*Cantharellus*（鸡油菌属）*Cantharellus cinnabarinus*（红鸡油菌）。

【采集地】

广西防城港市上思县等。

【生境】

阔叶林腐生。

【食用性】

可食用，糖类、氨基酸含量均较高（李笑，2018）。

【分布】

本种广泛分布于广东、广西、安徽、江苏、浙江、西藏、云南、四川、吉林、贵州等地。

【形态特征】

菌盖直径 1.0～3.0cm，漏斗状或杯状，小型，橙红色，边缘波状及向内卷曲，无条棱；菌肉较厚；菌褶呈脉状，延生，分叉或呈网棱状；菌柄较粗，长 2.0～2.5cm，粗 0.3～0.4cm，表面光滑，红色，内实；孢子印白色；孢子（8.0～9.0）μm×（5.5～6.0）μm，椭圆形至宽椭圆形。

10. 小勺珊瑚菌

【学名】

Clavariaceae（珊瑚菌科）Clavaria（珊瑚菌属）Clavaria acuta（小勺珊瑚菌）。

【俗名】

豆芽菌。

【采集地】

广西崇左市龙州县、南宁市良凤江国家森林公园等。

【生境】

夏季单生或群生于阔叶林地或苔藓上。

【食用性】

据记载可食用，但建议慎食。

【分布】

本种分布于浙江等地，属广西新记录种。

【形态特征】

子实体高 3.0～8.0cm，长棍棒状或柱状，白色，表面平滑，空心；菌柄部色暗；孢子（7.0～10.0）μm×（5.0～9.0）μm，光滑，近球形。

11. 沟纹拟锁瑚菌

【学名】

Clavariaceae（珊瑚菌科）*Clavulinopsis*（拟珊瑚菌属）*Clavulinopsis sulcata*（沟纹拟锁瑚菌）。

【采集地】

广西防城港市上思县等。

【生境】

夏季至秋季于阔叶林或针叶林中地上群生。据记载该菌一般生长于腐烂的树枝或者树桩上，但事实上与枯树枝或树桩没有关系，其实是着生于地上。

【食用性】

据记载可食用，但建议慎食。

【分布】

本种分布于广西、海南、四川、贵州、云南等地。

【形态特征】

子实体丛生，直立，不分枝，基部偶有短枝，高 5.0～10.0cm，粗 0.3～0.5cm，常数枚丛生在一起，红色，后变为淡粉红色、浅肉色或黄褐色，常呈扁平状，梭形，顶端尖，有纵沟和皱纹，幼时内实，后变中空；柄不明显，近柱状，浅红色至红色。孢子（3.5～7.0）μm×（5.5～6.5）μm，球形至近球形，光滑，无色，有小尖，内含一个大油滴。

12. 深凹杯伞

【学名】

Tricholomataceae（口蘑科）*Clitocybe*（杯伞属）*Clitocybe gibba*（深凹杯伞）。

【俗名】

深凹杯菌。

【采集地】

广西崇左市龙州县、宁明县等。

【生境】

夏季单生或散生于阔叶林地上。

【食用性】

据记载可食用，但毒性未知。

【分布】

我国南方大部分地区均有分布，属常见种类。

【形态特征】

子实体较小；菌盖直径 5.0～8.0cm，扁半球形至扁平，后中部下凹成漏斗状，浅土红色至浅粉褐色，表面干，光亮；菌褶污白色，延生，密，不等长；菌柄细长，长 4.0～8.0cm，粗 0.4～1.0cm，圆柱形，较菌盖色浅，光滑，内部松软；孢子印白色；孢子（5.0～8.0）μm×（3.5～5.0）μm，无色，光滑，椭圆形。

13. 疣盖小囊皮菌

【学名】

Agaricaceae（蘑菇科）*Cystodermella*（小囊皮菌属）*Cystodermella granulosa*（疣盖小囊皮菌）。

【采集地】

广西崇左市龙州县、南宁市良凤江国家森林公园。

【生境】

夏季单生于阔叶林地上。

【食用性】

据记载可食用（卯晓岚，2000）。

【分布】

本种分布于黑龙江、吉林、江苏、山西、香港、新疆、甘肃、西藏、广西等地。

【形态特征】

子实体小型；菌盖直径 2.0～5.0cm，初期近卵圆形，渐扁半球形至平展，往往中部隆起，表面干燥，土褐色至深咖啡色，密被黑褐色小疣且中部较稠密，边缘附有菌幕残片；菌肉白色，薄；菌褶白色至乳黄色，密，直生，不等长；菌柄长 2.0～9.0cm，粗 0.3～0.7cm，近圆柱形；菌环生菌柄上部，膜质，易脱落；孢子印白色；孢子（4.0～5.5）μm×（2.8～3.5）μm，无色，光滑，卵圆形至椭圆形。

14. 金孢花耳

【学名】

Dacrymycetaceae（花耳科）*Dacrymyces*（花耳属）*Dacrymyces chrysospermus*（金孢花耳）。

【俗名】

掌状花耳。

【采集地】

广西崇左市龙州县、百色市西林县等。

【生境】

夏秋团生于阔叶树腐木上。

【食用性】

本种所含的类胡萝卜素具有一定的减少癌细胞发生的作用（卯晓岚，2000）。

【分布】

本种分布于黑龙江、吉林、云南、贵州等地，属广布种。本种是掌状花耳 *Dacrymyces palmatus* 的同物异名。本种常与金耳在外观形态上相混淆，但二者在担子形态上具有明显区别。

【形态特征】

子实体比较小，直径1.0～6.0cm，高2.0cm左右，橘黄色，近基部近白色，当干燥时带红色，形状不规则瓣裂成一堆；菌肉胶质，有弹性；孢子印带黄色；担子呈叉状，细长；孢子光滑，圆柱状至腊肠形，初期无隔，后变至8～10细胞（多隔）。

15. 桂花耳

【学名】

Dacrymycetaceae（花耳科）*Dacrymyces*（花耳属）*Dacryopinax spathularia*（桂花耳）。

【采集地】

广西崇左市龙州县、柳州市融水苗族自治县等。

【生境】

阔叶林腐生。

【食用性】

可食用，富含类胡萝卜素（卯晓岚，2000）。

【分布】

本种为广布种，在中国大部分地区均有分布。其鲜艳的亮黄色，干后淡淡的桂花香味，很容易辨别。

【形态特征】

子实体微小，匙形或鹿角形，上部常不规则裂成叉状，橙黄色，干后橙红色，不孕部分色浅，光滑；柄下部粗 0.2～0.3cm，有细绒毛，基部栗褐色至黑褐色。担子二分叉；孢子 2 个，无色，光滑，椭圆形、近肾形，（8.9～12.5）μm×（3.0～4.0）μm。

16. 丛伞胶孔菌

【学名】

Mycenaceae（小菇科）*Favolaschia*（胶孔菌属）*Favolaschia manipularis*（丛伞胶孔菌）。

【采集地】

广西崇左市龙州县、百色市乐业县等。

【生境】

春、夏季丛生于阔叶树腐木。

【食用性】

据记载可食用（卯晓岚，2000）。

【分布】

主要分布于亚热带、热带地区，具荧光。

【形态特征】

菌盖直径1.0~3.0cm，半球形至扁半球形，幼时菌盖表面上部白色，下部较透明，表面可透视到管孔和条棱；菌肉较薄，与菌盖同色；菌管孔状，直生，较菌盖色浅或污白色，蜡质多角形；菌柄圆柱形，中生，空心，（2.0~5.0）cm×（1.5~3.0）cm；孢子（6.0~8.0）μm×（4.0~5.0）μm，卵圆形或宽椭圆形，光滑，无色，淀粉质。

17. 金针菇

【学名】

Physalacriaceae（膨瑚菌科）*Flammulina*（侧火菇属）*Flammulina velutipes*（金针菇）。

【俗名】

冻蘑、冰棱蘑。

【采集地】

广西桂林市全州县绍水镇。

【生境】

冬季簇生于阔叶树的腐木上。

【食用性】

可食用。

【分布】

本种分布于黑龙江、吉林、辽宁、河北、广西等地，在广西仅在桂北地区发现。本种是北方常见的一种大型真菌，野生状态下，菌盖均为棕黄色。

【形态特征】

菌盖直径1.5~7.0cm，幼时半球形，后扁平至平展，淡黄褐色至黄褐色，中央色较深，边缘乳黄色并有细条纹，湿时稍黏；菌肉中央厚，边缘薄，白色，柔软；菌褶弯生，白色至米色，稍密，不等长；菌柄长3.0~7.0cm，直径0.2~1.0cm，圆柱形，顶部黄褐色，下部暗褐色至近黑色，被绒毛，不胶黏，纤维质，内部松软，后空心，下部延伸似假根并紧紧靠在一起；孢子（8.0~12.0）μm×（35.0~4.5）μm，椭圆形至长椭圆形，光滑，无色或淡黄色，淀粉质。

18. 树舌灵芝

【学名】

Ganodermataceae（灵芝科）*Ganoderma*（灵芝属）*Ganoderma applanatum*（树舌灵芝）。

【俗名】

树舌扁灵芝、老牛肝。

【采集地】

广西农业科学院、良凤江国家森林公园等。

【生境】

阔叶林腐生。

【食用性】

食药兼用。在中国和日本民间作为抗癌药用。对风湿性肺结核具有一定的治疗作用，并具有止痛、清热、化积、止血、化痰的功效。其深层发酵的产物草酸和纤维素酶可应用于轻工业等（卯晓岚，2000）。

【分布】

本种分布于河北、山西、山东、黑龙江、吉林、江苏、内蒙古、陕西、甘肃、青海、新疆、西藏、四川、云南、河南、湖南、湖北、贵州、浙江、福建、台湾、广西、广东、海南、香港等地，属广布种，是林木主要的有害真菌之一，会导致树木白腐。

【形态特征】

子实体多年生，无柄，木栓质；菌盖半圆形，具明显的沟纹和环带，边缘圆，奶油色至浅灰褐色；孔口表面灰白色至淡褐色；菌肉浅褐色；菌管褐色；孢子卵圆形，顶端平截，淡褐色至褐色，双层壁，外壁无色，内壁具小刺，$(6.0\sim8.5)\ \mu m\times(4.5\sim6.0)\ \mu m$。

19. 灵芝

【学名】

Ganodermataceae（灵芝科）*Ganoderma*（灵芝属）*Ganoderma lucidum*（灵芝）。

【俗名】

红灵芝、赤芝。

【采集地】

广西崇左市龙州县等。

【生境】

春季侧生于阔叶树活木基部。

【食用性】

食药兼用。对神经衰弱、头昏、失明、肝炎等具有一定的治疗作用，其菌丝体可以进行深层发酵，用于保健品的开发。

【分布】

本种分布于浙江、福建、广西、广东、江西、湖南、安徽、贵州、黑龙江、吉林等地。

【形态特征】

子实体中等至较大或更大；菌盖直径 5.0～15.0cm，厚 0.8～1.0cm，半圆形、肾形或近圆形，木栓质，红褐色并有油漆光泽，具有环状棱纹和辐射状皱纹，边缘薄；菌肉白色至淡褐色，管孔面初期白色，后期变浅褐色、褐色，平均每毫米 3～5 个；菌柄长 3.0～15.0cm，粗 1.0～3.0cm，侧生或偶偏生，紫褐色，有光泽；孢子褐色，卵形，（9.0～12.0）μm×（4.5～7.5）μm。

20. 紫灵芝

【学名】

Ganodermataceae（灵芝科）*Ganoderma*（灵芝属）*Ganoderma sinense*（紫灵芝）。

【俗名】

紫芝、松杉灵芝。

【采集地】

广西桂林市灌阳县。

【生境】

阔叶林腐生。多生于阔叶树腐木上，造成树木白腐（李玉，2015）。

【食用性】

食药兼用（李玉和刘淑艳，2015）。据记载，本种性温、味淡，能够健脑、消炎、利尿、益胃等。具《神农本草经》记载，紫灵芝具有治疗耳聋和关节炎、坚筋骨的作用。其子实体及菌丝体含有蛋白质、糖类、香豆精、甾类或三萜类有效成分（卯晓岚，2000）。

【分布】

本种分布于福建、江西、湖南、广东、海南、广西、云南、贵州等地。

【形态特征】

子实体一年生，具侧柄；菌盖半圆形、近圆形，大小为8.0cm×9.5cm，厚可达2.0cm，表面新鲜时漆黑色，光滑，具明显的同心环纹和纵皱，干后紫褐色、紫黑色，具漆样光泽；菌孔表面干后污白色至淡褐色；菌肉褐色至深褐色；孢子椭圆形，大小为（11.0~12.5）μm×（7.0~8.0）μm，双层壁，外壁无色，内壁淡褐色至褐色，具小脊。

21. 木生地星

【学名】

Geastraceae（地星科）*Geastrum*（地星属）*Geastrum mirabile*（木生地星）。

【采集地】

广西崇左市龙州县等。

【生境】

夏、秋季单生于阔叶树腐木上。

【食用性】

食药兼用。

【分布】

本种属广西新记录种，分布于云南、广东、广西等地。

【形态特征】

子实体小，直径 0.5～1.5cm，初期为近球形至倒卵形。外包被包裹，外表有浅土红色或土黄褐色绵绒状鳞片，成熟时上部开裂成 5 瓣，向外伸屈成星状。内侧浅粉白灰色至浅灰褐色。内包被浅粉白色至浅灰褐色，膜质，薄，近平滑，球形，顶部孔口边缘近纤维状并有一明显环带。孢子褐色或暗褐色，表面有疣凸，球形，直径 3.0～5.0μm。

22. 尖顶地星

【学名】

Geastraceae（地星科）*Geastrum*（地星属）*Geastrum triplex*（尖顶地星）。

【俗名】

地星。

【采集地】

广西崇左市龙州县、南宁市良凤江国家森林公园等。

【生境】

夏、秋季雨后单生于阔叶树腐殖质地上。

【食用性】

幼时可食。本种具有一定的止血、消毒、解毒功效（卯晓岚，2000）。

【分布】

本种为广布种，中国大部分地区均有分布。

【形态特征】

子实体较小，初期扁球形。外包被基部浅袋形，上半部分裂为5～8瓣，裂片反卷，外表光滑，蛋壳色，内层肉质，干后变薄，栗褐色，往往中部分离并部分脱落，仅残留基部。内包被粉灰色至烟灰色，无柄，球形，直径1.7～3.0cm。孢子褐色，有小疣，球形，直径3.0～5.0μm。孢子印红褐色至红棕色。

23. 糖圆齿菌

【学名】

Coniophoraceae（粉孢革菌科）*Gyrodontium*（圆齿菌属）*Gyrodontium sacchari*（糖圆齿菌）。

【采集地】

广西防城港市上思县十万大山森林公园、防城区峒中镇等。

【生境】

夏季覆瓦状叠生于阔叶树腐烂的树桩基部。

【食用性】

可食用，但价值不明。

【分布】

本种为广西新记录种，之前仅报道分布于云南、台湾。本种通常繁殖力较强，在繁殖季节产生大量的黄褐色孢子，依靠风、雨、昆虫进行传播（包晴忠等，2006）。

【形态特征】

子实体一年生，盖形，易与基物剥离，覆瓦状叠生，新鲜时软，肉质，干后皱缩变脆。菌盖扇形至半圆形，外伸可达8.0cm，宽可达10.0cm，基部厚可达1.0cm，表面新鲜时奶油色至浅黄褐色，光滑或粗糙，干后表面覆盖棕褐色粉末层，边缘锐或钝，乳白色，干后内卷。子实层体新鲜时黄色至黄绿色或浅棕黄色，干后深棕褐色，齿状。不育边缘明显，乳白色至橘黄色，宽可达4.0cm。菌肉淡黄色，厚可达2.0cm。菌齿扁平至锥形，单生或侧向联合生长，长可达8.0cm，每毫米1～2个。孢子（3.8～4.2）μm×（2.5～28.0）μm，椭圆形，淡黄色，厚壁，光滑，非淀粉质。

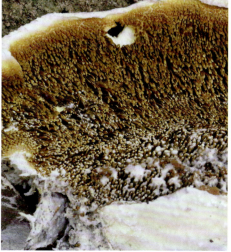

24. 双色蜡蘑

【学名】

Hydnangiaceae（轴腹菌科）*Laccaria*（蜡蘑属）*Laccaria bicolor*（双色蜡蘑）。

【采集地】

广西百色市乐业县等。

【生境】

阔叶林，共生。

【食用性】

可食用（卯晓岚，2000）。

【分布】

本种分布于香港、西藏、广西、广东、四川、云南、吉林等地。常与某些物种形成共生菌根结构，而且是外生菌根真菌中第一个获得全基因组的大型真菌。

【形态特征】

菌盖直径 2.0～4.5cm，初期扁半球形，后期稍平展，中部平或稍下凹，边缘内卷，浅赭色或暗粉褐色至皮革褐色，干燥时色变浅，表面平滑或稍粗糙，边沿有条纹；菌肉污白色或浅粉褐色，无明显气味；菌褶浅紫色至暗色，干后色变浅，直生至稍延生，等长，厚，宽，边沿稍呈波状；菌柄细长，柱形，常扭曲，同菌盖色，具长的条纹和纤毛，长 5.0～6.0cm，粗 0.3～1.0cm，带浅紫色，基部稍粗且有淡紫色绒毛，内部松软至变空心；孢子（7.0～10.0）μm×（6.0～7.8）μm，无色，近卵圆形。

25. 松乳菇

【学名】

Russulaceae（红菇科）*Lactarius*（乳菇属）*Lactarius deliciosus*（松乳菇）。

【俗名】

奶浆菌、松树菌。

【采集地】

广西河池市天峨县、南丹县等。

【生境】

混交林，共生。

【食用性】

可食用。松乳菇是一种纯天然的珍稀名贵食用菌类，被誉为"菌中王子"。

【分布】

本种分布于云南、广西、四川、湖南、辽宁、吉林、河南、山东、贵州、安徽等地。

【形态特征】

菌盖直径 4.0～10.0cm，扁球形至平展，中部下凹，边缘内卷，黄褐色至橘黄色，具同心环纹；菌肉近白色至淡黄色或橙黄色；菌柄长 2.0～5.0cm，直径 1.0～2.0cm，圆柱形，肉质，与菌盖同色；子实体伤后分泌蓝绿色乳汁，乳汁不变色，无辣味；孢子（7.0～9.0）μm×（5.5～7.0）μm，宽椭圆形至卵形，具不完整网纹和短脊，近无色至带黄色，淀粉质。

26. 血红乳菇

【学名】

Russulaceae（红菇科）*Lactarius*（乳菇属）*Lactarius sanguifluus*（血红乳菇）。

【采集地】

广西防城港市上思县等。

【生境】

阔叶林，共生。

【食用性】

可食用。

【分布】

本种属外生菌根真菌，常分布于山西、江苏、甘肃、青海、四川、云南、广西等地。

【形态特征】

菌盖直径3.0～12.0cm，扁半球形，平展至中部下凹，最后近漏斗形，边缘初内卷，橘红色至浅红褐色，有绿色斑，具浅色环带或环带不明显，稍黏，无毛；菌肉浅米黄色至酒红色，在菌柄近表皮处的菌肉红色更显著，味道柔和，稍苦或辛辣，气味稍香，乳汁血红色至紫红色；菌褶蛋壳色，后浅红色带紫，伤变绿色，直生后延生，密，窄而薄，有时分叉；菌柄等粗或基部渐细，内实，后中空；孢子（8.0～10.0）μm×（6.5～7.5）μm，无色，有疣和不完整网纹，近球形；褶侧囊体稀少，近梭形。

27. 毛边韧革伞

【学名】
Polyporaceae（多孔菌科）*Lentinus*（韧革伞属）*Lentinus arcularius*（毛边韧革伞）。

【俗名】
毛边香菇。

【采集地】
广西崇左市龙州县、南宁市良凤江国家森林公园、柳州市融水苗族自治县等。

【生境】
春季单生或散生于阔叶树腐木。

【食用性】
可食用，但纤维质多，老后口感较差，亦可药用。

【分布】
本种分布于贵州、云南、广西等地。

【形态特征】
子实体小型；菌盖直径1.0～4.0cm，下凹至平展，偶内卷，表面干，具细小绒毛，具同心鳞片，棕色至浅棕色，边缘具细小突出的毛状附属物；菌孔衍生，白色至灰白色，干后变为棕色，多角或近多角，辐射状分布；菌柄中生或稍偏生，等粗，干，棕色至黄棕色，具绒毛或鳞片，基部具白色菌丝；菌肉白色，薄，气味和味道不明显；担子具2～4个担子小梗，无囊状体；孢子（5.0～8.5）μm×（1.5～2.5）μm，长椭圆形，光滑。

28. 环柄韧革伞

【学名】

Polyporaceae（多孔菌科）*Lentinus*（韧革伞属）*Lentinus sajor-caju*（环柄韧革伞）。

【俗名】

环柄香菇。

【采集地】

广西崇左市龙州县等。

【生境】

夏季腐生于阔叶树腐木。

【食用性】

可食用。幼时可食，老后柔韧不易食用。

【分布】

本种分布在广东、福建、广西、云南、海南、西藏等地。

【形态特征】

子实体中等至较大；菌盖直径 3.0～15.0cm，近圆形、脐状至漏斗状，浅黄白色，干后米黄色至浅土黄色，薄，革质，表面光滑，有不明显的细条纹，幼时边缘内卷；菌肉白色，较薄，革质；菌褶近白色，延生，稠密，窄，褶缘完整，基本上等长；菌柄短粗，长 1.0～2.0cm，粗 0.4～1.7cm，圆柱形，白色至污白色，光滑，有一个较窄的膜质菌环，一般不易脱落；孢子（5.0～10.0）μm×（2.0～3.0）μm，无色，光滑，长椭圆形。

29. 虎皮韧革伞

【学名】

Polyporaceae（多孔菌科）*Lentinus*（韧革伞属）*Lentinus tigrinus*（虎皮韧革伞）。

【俗名】

虎皮香菇。

【采集地】

广西崇左市龙州县等。

【生境】

夏季单生或散生于阔叶树腐木。

【食用性】

幼时可食用。

【分布】

本种分布于广西、新疆、四川、贵州、云南等地。

【形态特征】

子实体中等至稍大；菌盖直径 2.5~13.0cm，常为圆形，中部脐状至近漏斗形，白色，半肉质，边缘易开裂，覆有浅褐色翘起的鳞片，中部较多边缘少；菌肉白色，薄，具香味；菌柄长 2.0~5.0cm，粗 0.5~1.5cm，中生或偏生，有时基部相连，白色，内实，近革质，有细鳞片；孢子（6.0~8.0）μm×（2.0~4.0）μm，无色，光滑，近圆柱形至长椭圆形。缘囊体与担子相似，壁厚；侧囊体缺失，具锁状联合。

30. 褐绒韧革伞

【学名】

Polyporaceae（多孔菌科）*Lentinus*（韧革伞属）*Lentinus velutinus*（褐绒韧革伞）。

【俗名】

褐绒革耳。

【采集地】

广西柳州市融水苗族自治县，九万山国家级自然保护区。

【生境】

夏、秋季单生或散生于阔叶树的腐木上。

【食用性】

可食用。

【分布】

本种是热带地区最普遍的一种大型真菌，其形态变化较大。与绒柄韧革伞相似，但后者菌盖具明显的环纹。

【形态特征】

菌盖直径2.4～5.0cm，薄，革质，深脐状至阔漏斗状或杯状，被单一短绒毛至短硬毛、刺或小鳞片，有时裂开；菌褶直生、弯生，短延生，不联结，白色、浅黄色至黄褐色；菌柄（2.0～7.0）cm×（0.5～1.0）cm，纤细，长，圆柱形，顶部和基部稍扩展，实心，表面被绒毛；菌肉白色，薄，革质，干时硬；孢子印淡黄色；孢子（5.0～8.0）μm×（3.0～3.7）μm，长椭圆形至短圆柱形，无色，薄壁，内含物少；担子（18.0～22.0）μm×（4.0～5.0）μm，窄圆柱形，其上生有4个小梗。菌髓不规则、辐射状，无色，与菌肉结构相似。

31. 冬季马勃

【学名】

Agaricaceae（蘑菇科）*Lycoperdon*（马勃属）*Lycoperdon hiemale*（冬季马勃）。

【俗名】

马粪包。

【采集地】

广西崇左市龙州县等。

【生境】

夏季单生于草地或阔叶林地上。

【食用性】

可食用，但需慎食。

【分布】

本种分布于广西、重庆、台湾等地。

【形态特征】

子实体近球形至球形，橙黄色，直径3.0～8.0cm。由白色菌丝形成菌索，固定于基物上。初期包被色淡，后期逐渐呈浅黄色至橙黄色，外包被形成锥形的小刺，内部初黄色，老后呈淡褐色。孢子球形，淡黄色，具细微小疣。

32. 梨形马勃

【学名】

Agaricaceae（蘑菇科）*Lycoperdon*（马勃属）*Lycoperdon pyriforme*（梨形马勃）。

【俗名】

马粪包。

【采集地】

广西来宾市金秀瑶族自治县等。

【生境】

夏季单生或散生于混交林地上，属共生真菌。

【食用性】

可食用。仅在幼时可食，老后可药用。

【分布】

本种分布于河北、山西、内蒙古、黑龙江、吉林、安徽、香港、台湾、广西、陕西、甘肃、青海、新疆、四川、西藏、云南等地。

【形态特征】

子实体小，高2.0～3.5cm，梨形至近球形，不孕基部发达，由白色菌丝束固定于基物上。初期包被色淡，后呈茶褐色至浅烟色，外包被形成微细颗粒状小疣，内部橄榄色，后变为褐色。

33. 近似褐褶边霉伞

【学名】

Physalacriaceae（膨瑚菌科）*Mucidula*（霉伞属）*Mucidula* cf. *brunneomarginata*（近似褐褶边霉伞）。

【采集地】

广西崇左市龙州县。

【生境】

夏季单生于落叶林地上，腐生。

【食用性】

可食用。

【分布】

本种分布于黑龙江、吉林、山西、甘肃、广西、内蒙古等地。

【形态特征】

子实体中等；正常菌盖直径3.0～12.0cm，初期扁球形，后平展，暗褐色；菌肉白色至污白色；菌褶直生至弯生，较稀，褶缘有褐色的斑点；菌柄圆柱形，表皮具褐色小斑点；孢子（14.0～20.0）μm×（9.0～10.0）μm，无色，光滑，宽椭圆形。

34. 盔盖小菇

【学名】

Mycenaceae（小菇科）*Mycena*（小菇属）*Mycena galericulata*（盔盖小菇）。

【采集地】

广西崇左市龙州县、南宁市良凤江国家森林公园等。

【生境】

春、夏季单生或丛生于阔叶林地面苔藓上。

【食用性】

据记载可食用，具有一定的药用价值（卯晓岚，2000）。

【分布】

本种广泛分布于黑龙江、吉林、辽宁、内蒙古和华中地区（李玉等，2015）。

【形态特征】

菌盖直径2.0～4.0cm，钟形或呈盔帽状，灰黄色至浅灰褐色，光滑且有稍明显的细条棱；菌肉白色至污白色，较薄；菌褶初期污白色，后浅灰黄色至带粉肉色，直生或稍有延生，较宽密，不等长，褶间有横脉，褶缘平滑或钝锯齿状；菌柄细长，圆柱形，脆骨质，内部空心，基部有白色绒毛；孢子（7.8～11.4）μm×（6.4～8.1）μm，无色，光滑，椭圆形或近卵圆形。

35. 红汁小菇

【学名】

Mycenaceae（小菇科）*Mycena*（小菇属）*Mycena haematopus*（红汁小菇）。

【采集地】

广西崇左市龙州县、南宁市良凤江国家森林公园等。

【生境】

春季单生或散生于阔叶林腐木上。

【食用性】

据记载可食用，但子实体小，含水分多，食用价值不很大。具有很好的药用价值，如对小鼠部分肿瘤具有100%的抑制率（卯晓岚，2000）。

【分布】

本种广泛分布于吉林、河南、甘肃、广西等地。

【形态特征】

菌盖钟形至斗笠形，灰褐红色，具放射状长条纹，光滑，边缘裂成齿状；菌肉同菌盖色，薄；菌褶污白色带粉，后粉红色或灰黄色，直生至稍延生；菌柄细长，同菌盖色，初期似有粉末，后光滑，基部有灰白色毛，受伤处流血红色乳汁，空心；孢子无色，光滑，宽椭圆形或卵圆形，（7.6~8.0）μm×（4.8~6.5）μm。

36. 淡褐奥德蘑

【学名】

Physalacriaceae（膨瑚菌科）*Oudemansiella*（奥德蘑属）*Oudemansiella canarii*（淡褐奥德蘑）。

【采集地】

广西崇左市龙州县。

【生境】

阔叶林，腐生。

【食用性】

可食用（卯晓岚，2000）。

【分布】

本种为华南地区广布种，目前有记载已经初步驯化成功。

【形态特征】

子实体一般中等大；菌盖直径为3.0~10.0cm，表面褐色至棕褐色，湿时黏；菌肉白色；菌褶白色至污白色，直生至延生，较稀，不等长，褶缘粗糙呈褐色至暗色；菌柄常弯曲，污白色，表面有深褐色纤毛及纵条纹，内部松软至变空心；孢子卵圆形、宽卵圆形至近球形。

37. 射纹近地伞

【学名】

Psathyrellaceae（脆柄菇科）*Parasola*（近地伞属）*Parasola plicatilis*（射纹近地伞）。

【俗名】

射纹鬼伞。

【采集地】

广西崇左市龙州县、南宁市良凤江国家森林公园等。

【生境】

夏季单生或散生于阔叶林腐木或地上。

【食用性】

据记载可食用。另据记载，其有抗癌作用。

【分布】

本种主要分布于东北和华北地区，但在广西也有分布。

【形态特征】

子实体微小；菌盖直径 0.1～0.2cm，初期卵圆形或圆柱状，后呈钟形至平展，薄，近膜质，表面灰黄色，中央深色，具放射状条纹；菌肉很薄；菌褶灰黑色至黑色，易液化；菌柄细长，中空；孢子（1.2～4.5）μm×（7.0～8.0）μm，光滑，黑褐色。

38. 豆马勃

【学名】

Sclerodermataceae（硬皮马勃科）*Pisolithus*（豆马勃属）*Pisolithus arhizus*（豆马勃）。

【俗名】

彩色豆马勃。

【采集地】

广西崇左市扶绥县等。

【生境】

夏季单生或散生于桉树林地上。

【食用性】

可食用。

【分布】

本种在外观形态上与马勃相似，切开后，菌肉部分呈现彩色，常分布于华中、华南地区（李玉等，2015）。

【形态特征】

子实体腹菌状，不规则至扁球形，下部具明显短柄。包被易碎，光滑，表面初期米黄色，后期变为褐色，剖开后，切面呈彩色豆状。菌柄长可达5.5cm，具菌索。孢子球形，密布小刺，褐色。

39. 黄侧火菇

【学名】

Strophariaceae（球盖菇科）*Pleuroflammula*（侧火菇属）*Pleuroflammula flammea*（黄侧火菇）。

【采集地】

广西崇左市龙州县等。

【生境】

夏秋散生或群生于阔叶树腐木上。

【食用性】

据记载可食用。

【分布】

本种主要分布于东北地区（李玉等，2015），但本近似种在广西南部地区也有分布，二者的主要不同在于前者具易脱落的明显菌环。

【形态特征】

菌盖直径1.0～3.0cm，凸透镜形至肾形，表面黄色至黄褐色，具纤丝状物，成熟后光滑，边缘菌幕残片呈齿状。菌肉浅黄色。菌褶不等长，稍密，中等宽。菌柄长（2.0～4.0）mm×（5.0～6.0）mm，粗1.0～1.5mm，偏生。具菌环，菌环以下与菌盖同色，具绒毛。担子（20.0～27.5）μm×（6.5～7.5）μm，棍棒状；孢子（7.8～8.8）μm×（5.4～5.9）μm，卵圆形至椭圆形，光滑。囊状体缺失。

40. 小白侧耳

【学名】

Pleurotaceae（侧耳科）*Pleurotus*（侧耳属）*Pleurotus limpidus*（小白侧耳）。

【俗名】

平菇。

【采集地】

广西崇左市龙州县、南宁市良凤江国家森林公园等。

【生境】

秋季单生于阔叶树腐木。

【食用性】

可食用。

【分布】

本种分布于吉林、台湾、广西、云南、西藏等地。可导致木材腐朽，据记载，该种具有荧光（卯晓岚，2000）。

【形态特征】

子实体小；菌盖直径 2.0~4.5cm，半圆形、倒卵形、肾形或扇形，无后檐，纸白色，光滑，水浸状；菌肉白色，薄，脆；菌褶白色，延生，稍密或稠密，半透明；菌柄长 2.0~3.0cm，近圆柱形，侧生，白色，具细绒毛，内部实心；孢子印白色；孢子（5.6~8.0）μm×（3.5~4.0）μm，无色，光滑，长方椭圆形。

41. 褐多孔菌

【学名】

Polyporaceae（多孔菌科）*Polyporus*（多孔菌属）*Polyporus picipes*（褐多孔菌）。

【采集地】

广西崇左市龙州县、南宁市良凤江国家森林公园等。

【生境】

春季丛生于阔叶林腐木。属木腐菌，导致桦、椴、水曲柳、槭或冷杉的木质部形成白色腐朽。

【食用性】

具有药用价值。

【分布】

本种分布于云南、广西、广东、贵州、四川等地，属广布种，与 *Picipes badius* 相似，但是后者菌盖具明显的环纹。

【形态特征】

子实体大；菌盖直径4～16cm，厚2～3.5mm，扇形、肾形、近圆形至圆形，稍凸至平展，基部常下凹，栗褐色，中部色较深，光滑，边缘薄而锐，波浪状至瓣裂；菌柄黑色或基部黑色，侧生或偏生，初期具细绒毛后变光滑；菌肉白色或近白色；菌管延生，与菌肉颜色相似，干后呈淡粉灰色，管口多边形至近圆形；担子纺锤状至棒状，（35.0～50.0）μm×（10.0～20.0）μm，光滑，壁薄；孢子无色透明，平滑，一端尖狭，椭圆形至长椭圆形。

42. 菌核多孔菌

【学名】

Polyporaceae（多孔菌科）*Polyporus*（多孔菌属）*Polyporus tuberaster*（菌核多孔菌）。

【采集地】

广西崇左市龙州县、南宁市良凤江国家森林公园等。

【生境】

夏季单生或群生于阔叶林腐木，具菌核，易造成木材白腐病。

【食用性】

该菌发酵液可开发为饮料。

【分布】

本种为广西新记录种，目前已经驯化栽培成功（程国辉等，2018）。

【形态特征】

子实体近漏斗状；菌盖圆形，中部有浅褐色块斑，撕裂状纤毛向外延伸，边缘不整齐；菌孔向下延生至菌柄，后与被绒毛的基部相连，基部茶褐色至深色，孔口多角形，淡黄色；菌管与孔口同色；孢子（11.0～14.0）μm×（5.0～6.0）μm，圆柱形，无色，光滑，非淀粉质。

43. 紫红孢牛肝菌

【学名】

Boletaceae（牛肝菌科）*Porphyrellus*（红孢牛肝菌属）*Porphyrellus sordidus*（紫红孢牛肝菌）。

【采集地】

广西崇左市龙州县、南宁市良凤江国家森林公园等。

【生境】

夏季单生于针阔混交林地上。

【食用性】

可食用，在云南野生食用菌市场常见，但也有记载该种有毒。

【分布】

本种分布于河北、江苏、安徽、云南、广西等地，属外生菌根真菌。

【形态特征】

子实体中型；菌盖凸透镜形至平展，直径4.5~13cm，棕色，表面具绒毛或细小毛块状附属物，老后菌盖边缘开裂；菌柄圆柱形，中生，上部颜色较浅，向下渐深，红棕色，基部具白色菌丝团；菌孔多角，1~2个/mm，紫红棕色，伤后变淡蓝绿色；孢子椭圆形至近椭圆形，（10.0~14.0）μm×（4.0~6.0）μm；侧囊体纺锤状至棒状，（35.0~50.0）μm×（10.0~20.0）μm，光滑，壁薄；缘囊体纺锤形至近纺锤形，（35.0~50.0）μm×（10.0~20.0）μm；孢子印红褐色至红棕色。

44. 白黄脆柄菇

【学名】

Psathyrellaceae（脆柄菇科）*Psathyrella*（脆柄菇属）*Psathyrella candolleana*（白黄脆柄菇）。

【采集地】

广西百色市乐业县等。

【生境】

夏、秋季单生或散生于阔叶树腐木上。

【食用性】

据记载可食用，虽然菌肉薄，但往往野生量大，便于采集食用，以新鲜时食用为宜（卯晓岚，2000）。

【分布】

本种为广布种，主要分布于东北、华北、西北、华中地区。

【形态特征】

菌盖常呈斗笠状、水浸状，初期浅蜜黄色至褐色，干时褪为污白色，往往顶部黄褐色，初期微粗糙，后光滑或干时有皱，幼时菌盖边缘附有白色菌幕残片，后渐脱落；菌肉白色，较薄，味温和；菌褶污白色，直生，不等长；菌柄细长，圆柱形，白色，质脆易断，有纵条纹或纤毛，有时弯曲，中空；孢子（6.5～9.0）μm×（3.5～5.0）μm，光滑，有孔，椭圆形。

45. 黄苍白脆柄菇

【学名】

Psathyrellaceae（脆柄菇科）*Psathyrella*（脆柄菇属）*Psathyrella luteopallida*（黄苍白脆柄菇）。

【采集地】

广西崇左市龙州县、南宁市良凤江国家森林公园等。

【生境】

春季散生于阔叶林或灌木丛地上。

【食用性】

据记载幼时可食，但需慎食。

【分布】

本种被发现于吉林、广西两地，属广西新记录种。本种的主要识别特征为菌柄细长，孢子近无色，无侧囊体，缘囊体多呈囊状，顶端宽钝圆。

【形态特征】

菌盖直径15.0~22.0mm，近钟形，后平展，新鲜时水浸状，中部黄褐色，边缘渐浅至白色，全盖具明显半透明条纹，呈土黄褐色。菌肉非常薄，颜色同菌盖变化，易碎。菌褶中等密度，直生，淡咖啡色，边缘平滑。菌柄脆，白色，上下等粗，中空，表面稍具细小丛毛鳞片，易消失。气味和味道不明显。孢子椭圆形、卵形，少数长椭圆形，近无色，无芽孔。担子（18.0~22.0）μm×（6.1~7.3）μm，棒状，无色。侧囊体缺失。缘囊体（22.0~42.0）μm×（7.3~13.0）μm，薄壁，多呈囊状、短棒状，顶端宽钝圆，偶见纺锤形，顶端头状膨大。菌髓菌丝不规则。存在索状联合。

46. 鲜红密孔菌

【学名】

Polyporaceae（多孔菌科）*Pycnoporus*（密孔菌属）*Pycnoporus cinnabarinus*（鲜红密孔菌）。

【俗名】

朱红密孔菌。

【采集地】

广西崇左市龙州县、南宁市良凤江国家森林公园等。

【生境】

夏、秋季单生或丛生于阔叶林腐木。

【食用性】

具有药用价值。

【分布】

本种分布于黑龙江、吉林、辽宁、河北、福建、云南、广西、广东等地，属广布种。形态上本种与血红密孔菌（*Pycnoporus sanguineus*）十分相似，但后者菌盖具明显的同心圆条纹。

【形态特征】

子实体一年生，革质。菌盖扇形或肾形，外伸可达3.0cm，宽可达5.0cm，基部厚可达0.5cm，表面新鲜时砖红色，干后颜色几乎不变，边缘较尖锐。孔口表面新鲜时砖红色，干后颜色不变，近圆形，每毫米3~4个，边缘稍全缘，不育边缘宽可达1.0cm。菌肉浅红褐色，厚可达1.0mm。菌管与孔口表面同色，长可达4.5mm。孢子（4.2~5.7）μm×（2.1~2.8）μm，长椭圆形至圆柱形，无色，薄壁，光滑，非淀粉质，不嗜蓝。

47. 裂褶菌

【学名】

Schizophyllaceae（裂褶伞科）Schizophyllum（裂褶伞属）*Schizophyllum commune*（裂褶菌）。

【俗名】

白参菌。

【采集地】

广西崇左市龙州县、百色市西林县、防城港市上思县等。

【生境】

散生或叠瓦状生于阔叶木腐木。

【食用性】

可食用。食药兼用。

【分布】

本种分布于黑龙江、吉林、辽宁、内蒙古、河北、山西、福建、贵州、四川、云南、广西、广东等地，属广布种。目前有记载已经初步驯化成功。

【形态特征】

菌盖直径为0.6～4.0cm，白色至灰白色，上有绒毛或粗毛，扇形或肾形，大多瓣状开裂；菌肉薄，白色；菌褶较窄，从基部辐射而出，白色或灰白色，有时呈淡紫色，沿边缘纵裂而反卷；菌柄短或无；孢子无色，圆柱形至腊肠形，壁薄，光滑。

48. 灰肉红菇

【学名】

Russulaceae（红菇科）*Russula*（红菇属）*Russula griseocarnosa*（灰肉红菇）。

【俗名】

红椎菌、月子菇。

【采集地】

广西钦州市浦北县、防城港市上思县等。

【生境】

单生或散生于壳斗科树木地上，属共生真菌。

【食用性】

可食用。

【分布】

分布于广西、云南、福建等地。

【形态特征】

红椎菌是红菇属内多物种的统称。一般具有以下特征：子实体红色，初期扁半球形，后平展，偶具裂纹；菌盖边缘薄，血红色，常见纵向细条纹；菌褶白色，褶缘偶红色；菌肉白色，厚；菌柄常淡红色，上部色浅，下部色深，圆柱形，基布渐细；孢子无色，近球形，具小疣。

49. 黄白鸡枞菌

【学名】

Lyophyllaceae（离褶伞科）*Termitomyces*（鸡枞菌属）*Termitomyces aurantiacus*（黄白鸡枞菌）。

【俗名】

黄白白蚁伞。

【采集地】

广西崇左市龙州县等。

【生境】

阔叶林，共生菌，与白蚁共生。

【食用性】

可食用。

【分布】

本种为广布种。

【形态特征】

子实体中等大小；菌盖直径 5.0～8.0cm，幼时呈锥形，后期平展，中部稍突起，表面土黄色，中部色深，边缘偶开裂；菌柄白色，圆柱形，基部稍粗后渐细，连入蚁巢，中实；孢子无色，光滑，卵圆形至宽椭圆形。

50. 亮盖鸡枞菌

【学名】

Lyophyllaceae（离褶伞科）*Termitomyces*（鸡枞菌属）*Termitomyces fuliginosus*（亮盖鸡枞菌）。

【俗名】

亮盖白蚁伞。

【采集地】

广西崇左市龙州县。

【生境】

阔叶林，共生菌，与白蚁共生。

【食用性】

可食用。

【分布】

本种分布于贵州、四川、云南、广西、江苏、浙江、台湾、湖南、湖北等地。

【形态特征】

菌盖直径 2.0～12.0cm，初期圆锥形似斗笠，后渐展开呈伞形，菌盖顶呈刺状突起，光滑，突起部分中央深褐色，周围灰褐色，成熟后灰淡黄色，具有辐射状开裂；菌肉厚、白色；菌褶白色，稠密，长短不等，成熟后淡黄色，弯生至离生；菌柄和菌盖相连，地上部的柄长最高可达 20.0cm，地下部的假根淡褐色至黑褐色，与蚁巢相连，越往下越细，肉实纤维质；孢子印淡黄色；孢子白色，光滑，椭圆形。

51. 小鸡枞菌

【学名】

Lyophyllaceae（离褶伞科）*Termitomyces*（鸡枞菌属）*Termitomyces microcarpus*（小鸡枞菌）。

【俗名】

小白蚁伞。

【采集地】

广西崇左市扶绥县等。

【生境】

与白蚁共生。

【食用性】

可食用。

【分布】

本种分布于广西、云南、福建、贵州、四川等地。

【形态特征】

子实体小型；菌盖直径 0.3～2.5cm，初期近球形或圆锥形至斗笠形，中部具凸尖，光滑，具灰色、灰褐色至淡棕褐色放射状的纤毛细条纹，往往边缘开裂；菌肉白色，薄；菌褶白色，凹生或近离生，密，不等长；菌柄长 4.0～6.0cm，粗 0.2～0.4cm，白色，纤维质，具丝光，基部钝或呈假根，生白蚁窝上；孢子印带粉红色；孢子（6.3～7.5）μm×（3.3～5.0）μm，无色，平滑，宽椭圆形至近卵圆形；侧囊体和褶缘囊体近棒状至宽椭圆形，顶端钝圆至稍凸。

52. 变色栓菌

【学名】

Polyporaceae（多孔菌科）*Trametes*（栓菌属）*Trametes versicolor*（变色栓菌）。

【俗名】

杂色云芝。

【采集地】

广西崇左市龙州县、南宁市良凤江国家森林公园等。

【生境】

夏、秋季覆瓦状或叠生于阔叶树腐木上。

【食用性】

具有一定的药用价值。

【分布】

本种分布于黑龙江、吉林、辽宁、河北、河南、山东、山西、陕西、青海、甘肃、新疆、西藏、广东、广西、贵州、江西、江苏、台湾、浙江、福建、安徽、四川、内蒙古等地。

【形态特征】

子实体一年生，覆瓦状叠生，革质。菌盖半圆形，外伸可达8.0cm，宽可达10.0cm，中部厚可达0.5cm；表面颜色变化多样，淡黄色至蓝灰色，被细密绒毛，具同心环带，边缘锐。孔口表面奶油色至烟灰色，多角形至近圆形，每毫米4.0～5.0个，边缘薄，撕裂状。不育边缘明显，宽可达2.0mm。菌肉乳白色，厚可达2.0mm。菌管烟灰色至灰色，长达3.0mm。孢子（41.0～53.0）μm×（1.8～22.0）μm，圆柱形，无色，薄壁，光滑，非淀粉质，不嗜蓝。

53. 茶银耳

【学名】

Tremellaceae（银耳科）*Tremella*（银耳属）*Tremella foliacea*（茶银耳）。

【俗名】

褐银耳。

【采集地】

广西崇左市龙州县、河池市天峨县等。

【生境】

春至秋季多生于林中阔叶树腐木上，往往似花朵状群生。

【食用性】

可食用。

【分布】

常分布于吉林、河北、广东、广西、海南、青海、四川、云南、安徽、湖南、江苏、陕西、贵州、西藏等。

【形态特征】

子实体小或中等大，直径 4.0～12.0cm，由无数宽而薄的瓣片组成，瓣片厚 1.5～2.0mm，浅褐色至锈褐色，干后色变暗至近黑褐色，角质。菌丝有锁状联合。担子纵裂 4 瓣，（12.0～18.0）μm×（10.0～12.5）μm。孢子（7.5～10.0）μm×（6.5～8.4）μm，无色，基部粗，近球形、卵状椭圆形。

54. 银耳

【学名】

Tremellaceae（银耳科）*Tremella*（银耳属）*Tremella fuciformis*（银耳）。

【采集地】

广西崇左市龙州县、南宁市良凤江国家森林公园、百色市乐业县等。

【生境】

阔叶林，腐生。

【食用性】

可食用。食药兼用，目前已实现工厂化栽培。

【分布】

本种在中国分布广泛，野生种主要见于华南地区。

【形态特征】

子实体中等至较大，直径3.0~15.0cm，纯白色至乳白色，胶质，半透明，柔软有弹性，由数片至十余片瓣片组成，似菊花形、牡丹形或绣球形，干后收缩，角质，硬而脆，白色或米黄色。子实层生瓣片表面。担子（10.0~12.0）μm×（9.0~10.0）μm，纵分隔，近球形或近卵圆形。孢子（6.0~8.0）μm×（4.0~7.0）μm，无色，光滑，近球形。

55. 小孢包脚菇

【学名】

Pluteaceae（光柄菇科）*Volvariella*（小包脚菇属）*Volvariella microspore*（小孢包脚菇）。

【俗名】

小孢草菇。

【采集地】

仅发现于广西崇左市龙州县等。

【生境】

秋季单生于阔叶林地上。

【食用性】

可食用，但因子实体过小，很难被发现。

【分布】

本种为拟新种。目前仅分布于广西。

【形态特征】

菌盖钟形至半球形，直径 30.0～40.0mm，中间颜色深，周边渐白，边缘白色，具小齿，表面具辐射状纤维。菌褶离生，稍密，白色至淡粉色，具小齿，褶缘具微小缺刻。菌肉白色。菌柄中生，白色、棒状、圆柱形，中实，光滑。菌托白色至灰黑色，边缘与菌盖颜色相似，近苞状至近杯状。孢子（4.5～5.5）μm×（2.5～3.0）μm，椭圆形至近椭圆形，光滑，壁薄。担子棒状，（18.0～20.0）μm×（7.0～10.0）μm，侧囊体棒状，（20.0～35.0）μm×（7.0～9.0）μm，缘囊体顶端膨大，（40.0～78.0）μm×（10.0～13.0）μm。盖皮菌丝近平行至平行。

参 考 文 献

包晴忠, 魏玉莲, 袁海生, 等. 2006. 中国云南一种新的阔叶树干基腐朽病. 林业科学研究, 19 (2): 246-247.
边银丙. 2017. 食用菌栽培学. 3 版. 北京: 高等教育出版社: 1-356.
陈振妮, 陈丽新, 韦仕岩, 等. 2014. 广西大明山国家级自然保护区大型真菌资源调查. 食用菌, 36 (5): 13-15.
程国辉, 安小亚, 王旭, 等. 2018. 菌核多孔菌培养特性及驯化栽培. 菌物学报, 37 (6): 712-721.
戴玉成. 2015. 世界和中国真菌数量变化及木生真菌研究进展 // 中国菌物学会. 中国菌物学会 2015 年学术年会论文摘要集.
黄毅. 1992. 食用菌栽培. 北京: 高等教育出版社.
李泰辉, 吴兴亮, 宋斌, 等. 2004. 滇黔桂喀斯特地区大型真菌. 贵州科学, 22 (1): 2-18.
李笑. 2018. 云南三种野生鸡油菌物质成分分析及其多酚抗氧化活性研究. 昆明: 昆明理工大学硕士学位论文: 1-80.
李玉. 2013. 菌物资源学. 北京: 中国农业出版社: 1-429.
李玉, 李泰辉, 杨祝良, 等. 2015. 中国大型菌物资源图鉴. 郑州: 中原农民出版社: 1-1351.
李玉, 刘淑艳. 2015. 菌物学. 北京: 科学出版社: 1-312.
梁畴芬, 梁健英, 刘兰芬, 等. 1988. 广西弄岗自然保护区综合考察报告. 广西植物, (增刊 1): 83.
卯晓岚. 1998. 中国经济真菌. 北京: 科学出版社: 1-762.
卯晓岚. 2000. 中国大型真菌. 郑州: 河南科学技术出版社: 1-719.
祁亮亮. 2016. 东北地区落叶松林下大型真菌多样性研究. 长春: 东北师范大学博士学位论文.
苏宗明, 李先琨. 2003. 广西岩溶植被类型及其分类系统. 广西植物, 23 (4): 289-293.
谭建文. 2002. 拟南芥中病原诱导次生代谢产物及六种高等真菌化学成分. 昆明: 中国科学院昆明植物研究所博士学位论文.
谭仁祥, 焦瑞华, 张爱华. 2014. 海洋微生物 Daldinia eschscholzii 活性天然产物 dalesconols 生物合成途径的研究 // 中国生物化学与分子生物学会. 全国第九届海洋生物技术与创新药物学术会议论文摘要集.
田园. 2015. 基于生物合成途径的天然产物研究. 南京: 南京大学博士学位论文.
图力古尔, 李玉. 2000. 大青沟自然保护区大型真菌区系多样性的研究. 生物多样性, 8 (1): 73-80.
吴兴亮. 2011. 广西邦亮自然保护区大型真菌的种类组成及其生态分布. 贵州科学, 29 (3): 8-19.
吴兴亮, 王季槐, 钟金霞. 1993. 贵州茂兰喀斯特森林区真菌的种类组成及其生态分布. 生态学报, 13 (4): 306-312.
吴征镒, 孙航, 周浙昆, 等. 2011. 中国种子植物区系地理. 生物多样性, 19 (1): 124.
姚一建, 李玉. 2002. 菌物学概论. 北京: 中国农业出版社: 771.
臧穆. 1980. 滇藏高等真菌的地理分布及其资源评价. 植物分类与资源学报, 2 (2): 42-77.
曾文波, 常衬心, 李建平, 等. 2017. 蝉棒束孢显微形态变异式样. 微生物学报, 57 (3): 350-362.
张树庭. 2002. 关于蕈菌种类的评估. 中国食用菌, 21 (2): 3-4.
Borhani A, Badalyan S M, Garibyan N N, et al. 2010. Diversity and distribution of macrofungi associated

with beech forests of Northern Iran (case study Mazandaran Province). World Applied Sciences Journal, 11 (2): 151-158.

Buée M, Maurice J P, Zeller B, et al. 2011. Influence of tree species on richness and diversity of epigeous fungal communities in a French temperate forest stand. Fungal Ecology, 4 (1): 22-31.

Enow E, Tonjock R K, Ebai M T, et al. 2013. Diversity and distribution of macrofungi (mushrooms) in the Mount Cameroon Region. Journal of Ecology and the Natural Environment, 5 (10): 318-334.

Erwin T L. 1983. Beetles and other insects of tropical forest canopies at Manaus, Brazil, sampled by insecticidal fogging. Tropical Rain Forest: Ecology and Management, 2: 59-75.

Hawksworth D L. 1991. The fungal dimension of biodiversity: magnitude, significance, and conservation. Mycological Research, 95 (6): 641-655.

Hawksworth D L. 2001. The magnitude of fungal diversity: the 1.5 million species estimate revisited. Mycological Research, 105 (12): 1422-1432.

Hawksworth D L. 2004. Fungal diversity and its implications for genetic resource collections. Stud Mycol, 50: 9-18.

Kirk P, Cannon P, Minter D, et al. 2008. Dictionary of the Fungi. 10th. Wallingford: CABI International.

Liang C F, Liang J Y, Liu L F, et al. 1988. A report on the floristic survey on the Longgang Natural Reserve. Guihaia (additamentum), 1: 123.

O'Brien H E, Parrent J L, Jackson J A, et al. 2005. Fungal community analysis by large-scale sequencing of environmental samples. Applied and Environmental Microbiology, 71 (9): 5544-5550.

Rubini A, Saitta A, Venanzoni R, et al. 2014. Macrofungi in Mediterranean maquis along seashore and altitudinal transects. Plant Biosyst, 148 (2): 367-376.

Senn-Irlet B, Heilmann-Clausen J, Genney D, et al. 2007. Guidance for the conservation of macrofungi in Europe. Strasbourg: The Directorate of Culture and Cultural and Natural Heritage, Council of Europe: 1-40.

Stockinger H, Krüger M, Schüβler A. 2010. DNA barcoding of arbuscular mycorrhizal fungi. New Phytologist, 187 (2): 461-474.

Taylor D L, Hollingsworth T N, Mcfarland J W, et al. 2014. A first comprehensive census of fungi in soil reveals both hyperdiversity and fine-scale niche partitioning. Ecological Monographs, 84 (1): 3-20.

Taylor J W, Dacid J J, Scott K, et al. 2000. Phylogenetic species recognition and species concepts in fungi. Fungal Genetics and Biology, 31 (1): 21-32.

Tsing A L. 2015. The Mushroom at the End of the World: On the Possibility of Life in Capitalist Ruins. Princeton: Princeton University Press: 352.

Varese G, Angelini P, Bencivenga M, et al. 2011. *Ex situ* conservation and exploitation of fungi in Italy. Plant Biosystems—An International Journal Dealing with all Aspects of Plant Biology, 145 (4): 997-1005.

Wen H A, Sun S X. 1999. Fungal flora of tropical Guangxi, China: Macrofungi. Mycotaxon, 72: 359-369.

White T J, Bruns T, Lee S, et al. 1990. Amplification and direct sequencing of fungal ribosomal RNA genes for phylogenetics. PCR Protocols: a Guide to Methods and Applications, 18: 315-322.

Wilkins W H. 1937. The ecology of larger fungi. Ⅰ. Constancy and frequency of fungal species in relation to certain vegetation communities, particularly oak and beech. Annals of Applied Biology, 24 (4): 703-732.

Xia Y, Tao F, Li Z H, et al. 2011. Chemical investigation on the cultures of the fungus *Xylaria carpophila*. Natural Products and Bioprospecting, 1 (2): 75-80.

中文名索引

B

白黄脆柄菇	161
白平菇	16
鲍鱼菇	63
变色栓菌	169

C

草菇 V18	96
草菇 V971	98
茶薪菇 1 号	65
茶银耳	170
茶 39	18
蝉棒束孢	112
赤灵芝 119	90
川黄耳 1 号	50
春栽 1 号	20
椿象虫草	113
丛伞胶孔菌	133
脆木耳	122

D

大杯蕈	67
大球盖菇	69
淡褐奥德蘑	153
冬季马勃	148
豆马勃	155
短毛木耳	123
多形炭团菌	110

F

茯苓	100

G

高产 8129	24
沟纹拟锁瑚菌	128
灌紫芝 -7	93
光轮层炭壳	111
桂花耳	132
果生炭角菌	115

H

和平 2 号	27
褐多孔菌	158
褐绒韧革伞	147
黑霸王	29
黑木耳 916	51
黑皮鸡枞 1 号	71
红鸡油菌	126
红灵芝	92
红汁小菇	152
猴头菇 4903	73
虎奶菇非洲虎 1 号	75
虎皮韧革伞	146
滑子菇	77
环柄韧革伞	145
黄白鸡枞菌	166
黄苍白脆柄菇	162
黄侧火菇	156
黄伞 1 号（黄柳菇）	79
黄伞 2 号（翘鳞伞）	81
灰美 2 号	31
灰肉红菇	165

J

鸡腿菇特白 1 号	83
鸡油菌	125
姬菇 8 号	35
假芝	119
尖顶地星	139
金孢花耳	131
金福菇 Tg505	84
金针菇	134
近似褐褶边霉伞	150
菌核多孔菌	159

K

盔盖小菇	151

L

梨形马勃	149
亮盖鸡枞菌	167
裂褶菌	164
灵芝	136

M

蚂蚁虫草	114
毛边韧革伞	144
毛鞭炭角菌	116
毛木耳	120
木生地星	138
木生条孢牛肝菌	124

P

平菇 558	14

Q

庆科 20	45

S

射纹近地伞	154
深凹杯伞	129
深色种	13
树舌灵芝	135
双孢蘑菇 AS2796	101
双孢蘑菇 W192	103
双色蜡蘑	141
松乳菇	142
苏毛 3 号	53

T

台毛 1 号	55
台秀 57	41
糖圆齿菌	140
桃红侧耳	37
特抗 650	33

X

夏灰 1 号	22
鲜红密孔菌	163
香菇 808	47
小白侧耳	157
小孢包脚菇	172
小鸡枞菌	168
小勺珊瑚菌	127
秀珍菇 842	38
秀珍菇 990	39
血红乳菇	143

Y

羊肚菌贵 2	86
银耳	171
疣盖小囊皮菌	130
榆黄蘑	43
玉木耳	56
云耳 TY026	58

Z

漳耳 43-28	61

中华鹅膏	118	紫红孢牛肝菌	160
皱木耳	121	紫灵芝	137
竹荪古优 1 号	88	紫芝 - 江 7	95

拉丁名索引

A

Agaricus bisporus	101
Agrocybe cylindracea	65
Amanita sinensis	118
Amauroderma rugosum	119
Annulohypoxylon multiforme	110
Auricularia cornea	50
Auricularia delicate	121
Auricularia fibrillifera	122
Auricularia heimuer	51
Auricularia villosula	123

B

Boletellus emodensis	124

C

Cantharellus cibarius	125
Cantharellus cinnabarinus	126
Clavaria acuta	127
Clavulinopsis sulcata	128
Clitocybe gibba	129
Coprinus comatus	83
Cystodermella granulosa	130

D

Dacrymyces chrysospermus	131
Dacryopinax spathularia	132
Daldinia eschscholtzii	111

F

Favolaschia manipularis	133
Flammulina velutipes	134

G

Ganoderma applanatum	135
Ganoderma lucidum	90
Ganoderma sinense	93
Geastrum mirabile	138
Geastrum triplex	139
Gyrodontium sacchari	140

H

Hericium erinaceus	73
Hymenopellis raphanipes	71

I

Isaria cicadae	112

L

Laccaria bicolor	141
Lactarius deliciosus	142
Lactarius sanguifluus	143
Lentinula edodes	45
Lentinus arcularius	144
Lentinus sajor-caju	145
Lentinus tigrinus	146
Lentinus velutinus	147
Lycoperdon hiemale	148
Lycoperdon pyriforme	149

M

Macrocybe gigantea	84
Macrohyporia cocos	100
Morchella esculenta	86
Mucidula cf. *brunneomarginata*	150

Mycena galericulata	151	*Psathyrella candolleana*	161
Mycena haematopus	152	*Psathyrella luteopallida*	162
		Pycnoporus cinnabarinus	163

O

R

Ophiocordyceps myrmecophila	114		
Ophiocordyceps nutans	113	*Russula griseocarnosa*	165
Oudemansiella canarii	153		

S

P

		Schizophyllum commune	164
Parasola plicatilis	154	*Stropharia rugosoannulata*	69
Phallus indusiatus	88		
Pholiota adiposa	79		

T

Pholiota microspora	77	*Termitomyces aurantiacus*	166
Pisolithus arhizus	155	*Termitomyces fuliginosus*	167
Pleuroflammula flammea	156	*Termitomyces microcarpus*	168
Pleurotus citrinopileatus	43	*Trametes versicolor*	169
Pleurotus cystidiosus	63	*Tremella foliacea*	170
Pleurotus djamor	37	*Tremella fuciformis*	171
Pleurotus florida	14		
Pleurotus geesterani	38		

V

Pleurotus giganteus	67	*Volvariella microspore*	172
Pleurotus limpidus	157	*Volvariella volvacea*	96
Pleurotus ostreatus	24		

X

Pleurotus tuber-regium	75		
Polyporus picipes	158	*Xylaria carpophila*	115
Polyporus tuberaster	159	*Xylaria xanthinovelutina*	116
Porphyrellus sordidus	160		